―― ちくま学芸文庫 ――

フェルマーの大定理

整数論の源流

足立恒雄

筑摩書房

目　次

初版緒言　9
第2版序　13
第3版序　15

第1章　古代の数論

- §1. 欄外の書込み ……………………… 17
- §2. ピュタゴラス数 ……………………… 19
- §3. 素因数分解の一意性 ……………………… 23
- §4. Plimpton 322 ……………………… 28
- §5. ギリシャ時代 ……………………… 40
- §6. 『原論』と『算術』 ……………………… 43
- §7. ガウスの整数による解法 ……………………… 49

第2章　フェルマーとその時代

- §1. 15, 16世紀の状況 ……………………… 56
- §2. ヴィエト ……………………… 58
- §3. フェルマーの生涯 ……………………… 64
- §4. フェルマーの数論上の業績 ……………………… 87
- §5. 二つの挑戦状 ……………………… 103
- §6. フェルマーのその他の業績 ……………………… 109
- §7. デカルト ……………………… 115

§8. パスカルの数学的帰納法 ………………… 126
§9. フェルマーは大定理の正しい証明を得ていたか
　　　　　　　　　　　　　　………………………… 130

第3章　フェルマー以後クンマー以前
§1. オイラー ………………………………………… 137
§2. 5次以上の個々の場合 ………………………… 150
§3. ソフィ・ジェルマンの結果 …………………… 150
§4. 1847年の事件 …………………………………… 156
§5. ラメの証明とその欠陥 ………………………… 162

第4章　クンマーの金字塔
§1. 1844年まで ……………………………………… 166
§2. 円分整数 ………………………………………… 174
§3. $p \equiv 1 \pmod{l}$ なる素数の分解 ……………… 181
§4. 理想数の定義 …………………………………… 188
§5. 因子の定義 ……………………………………… 191
§6. 二条件 (A), (B) のもとで大定理は正しい … 195
§7. クンマーの論文概略 …………………………… 202

第5章　1851年以降の展開
§1. その後のクンマー ……………………………… 219
§2. 諸結果 …………………………………………… 228
§3. 理想数のその後 ………………………………… 234
§4. p 進解析の系譜 ………………………………… 237

第6章　ついにフェルマーの大定理が証明された！

- §1. 幾何学的な考え方の台頭 …………………… 244
- §2. モーデルの有限基底定理 …………………… 248
- §3. モーデル=ファルチングスの定理 ………… 255
- §4. 遠祖ディオファントス …………………… 258
- §5. 始祖フェルマー …………………………… 261
- §6. 群構造の発見 ……………………………… 270
- §7. フライの貢献 ……………………………… 282
- §8. 谷山予想への還元 ………………………… 294
- §9. 谷山予想の同値形 ………………………… 304
- §10. 谷山予想の生い立ち ……………………… 310
- §11. ワイルズ・ザ・コンカラー ……………… 318

- 参考文献 ……………………………………………… 325
- 主要登場人物生没年表 ……………………………… 335
- 文庫版あとがき ……………………………………… 339
- 索引 …………………………………………………… 343

フェルマーの大定理

整数論の源流

初版緒言

　本書の内容を一言で要約するなら，フェルマーの大定理というプリズムを通して見た整数論史ということになろうか．もう少し言葉数を増やせば，フェルマー，クンマーという整数論史上の二人の巨人に焦点を絞り，フェルマーの大定理を素材として，数学における記号の果たす役割の重要性という視点から見た整数論の歴史である．

　本書を書くに際し特に心掛けたのは，人口に膾炙していても史料的根拠の明らかでないおとぎ話は採らないということである．原資料に当たることは，自分が数学史を専門としてきたのではないせいもあって，古い時代の稀覯文献にまでは手が届かないことも多いが，そうした場合もできるだけ学術的に信頼できる資料に拠ることにした．こうすることは大衆向けでない固苦しい無味乾燥な書物を作り上げるだろうと普通は考えられているが，少なくもフェルマーの大定理史に限っていえば，決してそうではなく，かえって生き生きとした映像を目のあたりにすることが可能となるということは本書が実証している通りである．

　本書を書き上げた段階で，ヴェイユの著書 *Number Theory*（参考文献 [95]，和訳 [102]）が出版された．この書は，

とくに本書の第2章に関連が深いので参考にしたかったが，時間的に余裕がなかった．フェルマー，オイラーには相当の紙数が割かれているので，進んで勉強する方に推薦しておく．

第1章のハイライトの一つ，ハムラビ王の頃の粘土板 Plimpton 322 については，最近ノイゲバウアーの著書 [72] の翻訳 [115] が出た．関連文献など参考になることが解説に書かれているので，興味のある方はご覧になるとよい．

第4章についてはエドワーズの著書 [14] を参考にした．これはまだ翻訳が出ていないが，クンマーの仕事の原論文の立場に立った解説という意味で価値がある．この本を読んでからクンマーの原論文を読めば難解ということはない．

なお，「整数論」という用語と「数論」という用語は同義語のつもりで，前後の言葉の続き具合により勝手に使い分けた．どちらかというと，整数論という言葉のほうが歴史的用語で，専門家にとっては，この宇宙で最も精緻，玲瓏にして深遠，しかも最も難解な学問であるという意識のもとに用いられる傾向がある．

英語でも arithmetic といい，また number theory ともいうが，どういうニュアンスの差があるのかは知らない．ただ前者は $\alpha\rho\iota\theta\mu\eta\tau\iota\kappa\acute{\eta}$ から来ており，これは具体的な物の計算術である $\lambda o\gamma\iota\sigma\tau\iota\kappa\acute{\eta}$ と区別されて，偶奇性，完全性といった数の抽象的な性質を扱う理論という意味で用いられたというから，何やら高級そうな響きを持つのではな

いかしらんと想像される．

　古い意味での幾何学が数学の王座から転落したのに対し，整数論はガウス以来，相互律とその一般化を主題として展開され，数学の女王としての地位をいまだに保ち続けている（と思われる）．本書は一種の整数論史を標榜しながら，相互律とその歴史についてはまったく触れなかった．こういう大それた話題は敬遠するに如くはないと考えたからである．

　もとはといえば東京大学の杉浦光夫先生に「現代数学史研究会」でフェルマーの大定理史を講演せよと強要されたことが機縁となって，史実をほじくり始めたのであるが，実に下らぬ雑用のために心身をすり減らし，講演の実現とその結果として本書が出現するに到るまでに4年以上を経てしまった．その間『数学セミナー』編集長の亀井哲治郎氏にはいろいろ無理をお願いし，資料の収集についてもお世話になった．杉浦先生，京都大学数理解析研究所の一松信先生，岡山大学の鹿野健氏を始め，多くの方に資料をお貸しいただくなど御世話になった．

　巻末に，引用した文献をすべて記しておいたが，直接引用しなかったために参考文献表に入れなかったものも多数ある．

　必要個所の邦訳のある文献については，元となる文献を所有している場合でも，信用がおけると判断したときは，そのまま訳を借用させていただいた．中でも中村幸四郎先生の著書・訳書は第1章，第2章で頻繁に引用させていた

だいたという理由で，そして原亨吉先生のデカルトの『幾何学』の翻訳は長文を引用させていただいたという理由で，特にお断りしておかねばならない．また立教大学の村田全先生にはラテン語の件で御教示願った．以上一括して御礼を申し上げる次第である．

　今後は，上っ面だけを眺めた各資料をもっと深く読み，またさらに資料を集めていきたいと考えている．

　　　1984 年 5 月

　　　　　　　　　　　　　　　　　　　　　著　者

第2版序

　本書の初版が出版されてからちょうど10年経過した．その間フェルマーの大定理にも新しい見地から重要な貢献がいくつかなされたが，それでも今世紀中には証明されることはあるまいというのが一般の数学者の考えであったろう．しかし「真に驚くべき」ことに，昨年（1993年）の6月，イギリスの数学者ワイルズ（A. Wiles, 1953-　）が「楕円曲線は有理的なモジュラー関数によって表現できる」という志村 = 谷山 = ヴェイユ予想を安定な楕円曲線の場合に解いたというニュースが世界中を駆け巡った．これが正しいとするとフェルマーの大定理が証明されてしまったことになるのである．現在のところ，彼の200ページにのぼる論文は数人のグループによって精査された結果，重大なギャップが発見されたとされ，結局一般には公開されていない．しかしながら，ワイルズの方法は，仮にミスがあったとしても，大筋としては証明に至る正しい道を指し示しているだろうというのが大方の専門家の見方である．

　こうした事態を踏まえて，しばらく品切れになっていた本書を復活させることは，世間でもフェルマーの大定理に対して関心が高まっている現在，意味があると思われる．そういうわけで，第5章の途中までは，§4に「p進解析の系譜」を追加した以外は，数論に関係の薄い，しかも煩瑣

な個所を剪定するなどの修正にとどめ，第5章の後半の部分を第6章として独立させて，楕円曲線とフライの方法の概略を述べることにした．

 本格的な幾何学的数論とその歴史の解説には，その道の専門家に当たってもらうほかないが，ワイルズの方法を曲がりなりにも非専門家向けの書物において本格的に解説されるようになるには（クンマーの理論が本書のような形で紹介されるようになるのに，一世紀以上を要していることから類推したまでであるが），少なくとも数十年を要するのではなかろうか．そういうわけで，この程度の修正で満足しなければならないと自らを納得させた次第である．

　1994年1月

著　者

第 3 版序

　第 2 版を出したときにはわずか 1 年余で第 3 版を出すことになるとは思っていなかった．ワイルズの証明がそうは簡単に完成すると予想していなかったからである．しかし，意外といえば意外なことに，ワイルズは見事に自分でギャップを埋め，論文は公刊されて，今やその簡易化さえ進んでいる状況である．となれば，中間的段階の第 2 版は当然書き改められなければならない．

　今版は第 6 章の大幅な増強に力を注ぎ，簡単な誤植を除けば，第 5 章まではまったく変更がない．第 6 章では，まず楕円曲線の歴史を辿り，だれがそこに群構造を見つけたか，を述べた．ついで，フライがいかにしてフェルマーの大定理を谷山予想に還元することを思い付いたかを，フライから直接得た情報をもとに詳述した．そして最後に，ワイルズの証明のあらましを辿ってみた．本章の記述によって，楕円曲線論の数論に及ぼす影響を十分に理解していただけるものと思う．

　この 14 年間，フェルマーの大定理の歴史を追跡してきたが，その仕事がワイルズの快挙によって完結できたことをとても感慨深く思っているということを記しておきたい．

　1996 年 3 月

　　　　　　　　　　　　　　　　　　　　　　足立恒雄

第1章
古代の数論

§1. 欄外の書込み

バシェがディオファントスの『算術』の原典にそのラテン語訳を付けて刊行したのが1621年である．そしてフェルマーがバシェ版の『算術』を読んで研究したのは1630年前後であろうと推測される．のちに長男のサミュエルがそのバシェ版を再版し，父ピエール・ド・フェルマーの書込みを付録としてつけた．それが1670年のことである．もとの書込みの現物は失われてしまって，もはや見ることはできないが，サミュエルの刊行した付録 Observationes Domini Petri de Fermat のほうは『フェルマー全集』([21]) に収録されていて，そのフランス語訳とともに見ることができる．48 ある「欄外書込み」の第二が有名なフェルマーの大定理である：

Cubum autem in duos cubos, aut quadratoquadratum in duos quadratoquadratos, et generaliter nullam in infinitum ultra quadratum potestatem in duas ejusdem nominis fas est dividere: cujus rei demonstrationem mirabilem sane detexi. Hanc marginis exiguitas non caperet.

これは『算術』の中のいわゆるピュタゴラス方程式
$$x^2 + y^2 = z^2 \tag{1.1}$$
の有理数解を述べた個所に対するメモである．そのフランス語訳は現代的すぎるので，ラテン語から直接訳してみよう．

　他方，立方を二つの立方に，あるいは二重平方を二つの二重平方に，そして一般に，平方を超える不定の冪(べき)を同一の名の二つのものに分かつことはできない．そのことの驚くべき証明を私は見つけたが，これを記すには余白が小さすぎる．

実際は，現在までその一般的証明は得られていないのだから，定理と呼ぶのは変なのだが，歴史的慣行として，これを「フェルマーの大定理」または「フェルマーの最終定理」と呼んでいるので，本書でも「フェルマーの大定理」，略して「大定理」ということにする．現行の記法に従えば，

　自然数 $n \geq 3$ に対して，フェルマー方程式
$$x^n + y^n = z^n \tag{1.2}$$
を満たす自然数 x, y, z は存在しない．

一方，不定方程式 (1.1) は自然数解 (x, y, z) を有する．

たとえば $(3, 4, 5)$ がそうであり, $(5, 12, 13)$ がそうである. これらの組, つまり, (1.1) を満足する自然数の組をピュタゴラス数という.

フェルマーの大定理を生みだしたという興味の他に, 数学史的に興味深い点がいくつもあるので, まず, ピュタゴラス数について調べてみよう.

§2. ピュタゴラス数

2次以上の不定方程式のすべての解を決定するのは多くの場合すこぶるむずかしい問題である. しかるにピュタゴラス数はそのすべてを決定することが容易にできる, という点で, まず異例である.

(x, y, z) が (1.1) を満たすという条件の他に,
$$(x, y) = 1 \tag{1.3}$$
つまり, x と y とが1以外の公約数をもたない (これを, x, y は互いに素である, という) という条件を加えることにする. x, y の最大公約数が d であるとき, z も d で割り切れるので,
$$x = dx_0, \quad y = dy_0, \quad z = dz_0$$
とおけば, (x, y, z) がピュタゴラス数であることによって, (x_0, y_0, z_0) も必然的にピュタゴラス数となり, しかも $(x_0, y_0) = 1$ となる. したがって条件 (1.3) は何ら本質的に問題を変更することにはならないのである.

次に x, y ともに奇数とすれば, たちまち矛盾を生ずるから, 簡単のため,

$$x \text{ は奇数}, \quad y \text{ は偶数} \tag{1.4}$$

というように定めても，何ら差障りはない．このとき次の定理が成り立つ：

定理 1.1 (1.3), (1.4) の付帯条件のもとに (1.1) の自然数解はすべて

$$x = m^2 - n^2, \quad y = 2mn, \quad z = m^2 + n^2 \tag{1.5}$$

という形に表わせる．ただし m, n $(m > n)$ は互いに素な自然数で，

$$\text{一方は奇数，一方は偶数} \tag{1.6}$$

という性質をもつものとする．

逆に m, n $(m > n)$ を互いに素な自然数とし，(1.6) を満たすものとするとき，(1.5) によって (x, y, z) を定めるならば，これは (1.1), (1.3), (1.4) を満足する．

証明 (x, y, z) をピュタゴラス数とし，(1.3), (1.4) を満たすものとする．(1.1) より

$$y^2 = z^2 - x^2 = (z+x)(z-x) \tag{1.7}$$

x, z はともに奇数だから

$$z + x = 2U, \quad z - x = 2V$$

とおけば U, V は整数で，しかも $(U, V) = 1$ である．なぜなら $U + V = z, U - V = x$ だからである．そこで (1.7) へ代入して

$$y^2 = 4UV$$

を得る．$y = 2Y$ とすれば上式から

ガウス

$$Y^2 = UV, \quad (U, V) = 1 \qquad (1.8)$$

である．互いに素で，かつ，その積が平方数なのであるから，U, V ともに平方数でなくてはならない：

$$U = m^2, \quad V = n^2, \quad (m, n) = 1$$

$z + x = 2m^2$, $z - x = 2n^2$ だから，$x = m^2 - n^2$, $z = m^2 + n^2$ である．また $y^2 = 4UV = (2mn)^2$ だから $y = 2mn$ である．$x > 0$ だから $m > n$ である．$(x, y) = 1$ によって m, n は (1.6) を満たしていなければならない．

逆に m, n を $m > n$ で，しかも互いに素な自然数とし，(1.6) を満たしているとする．x, y, z を (1.5) で定義するとき，これらがピタゴラス数をなすことはただちに解る．また y は偶数である．いま素数 p が x, y の双方を割り切るとすると

$$x = (m+n)(m-n), \quad y = 2mn$$

だから，$p \mid m+n$ または $p \mid m-n$ である．m, n は (1.6) を満たすから $m \pm n$ は奇数である．ゆえに p は奇素数

である．$p|y$ より，$p|m$ または $p|n$ を得る．たとえば $p|m+n, p|m$ より $p|n$ となって $(m,n)=1$ に矛盾する．他の組合せも同様である．□

 $a|b$ は，a が b の約数であることを示す記号である．簡便ではあるが，数論を研究する上では，本質をついた，よい記号とはいえない．

 ガウスの『数論講究』（*Disquisitiones Arithmeticae*, DA と略記する，[28]）において数の合同の概念が明確に定義された．記号が見やすくて，本質をよく表わしているときは，推論が楽になる．文章だけで数学をやるときの難解さとの対比でこれを考えてみれば，この間の事情は歴然としているであろう．今後の利用のために，合同の定義をここで記しておこう：

定義 1.2 文字はすべて整数を表わすとする．
$$a \equiv b \pmod{m} \iff m \mid a-b$$
$$\iff (\exists c)\,[a-b=mc]$$

$a \equiv b \pmod{m}$ を，$a \equiv b\ (m)$ とか，法 m が明らかなときは $a \equiv b$ とか，略記することもある．

この記号によれば，a が m の倍数であることは
$$a \equiv 0 \pmod{m}$$
と表わされる．

また，「a, b がともに偶数であるか，ともに奇数である」

という条件は
$$a \equiv b \pmod{2}$$
と表現できる．

問題 次の (1), (2), (3) を示せ：
(1) $a \equiv a \pmod{m}$
(2) $a \equiv b \pmod{m} \implies b \equiv a \pmod{m}$
(3) $a \equiv b \pmod{m}, b \equiv c \pmod{m}$
$\implies a \equiv c \pmod{m}$

定理 1.3 $a \equiv b \pmod{m}, c \equiv d \pmod{m}$ ならば
$$a \pm c \equiv b \pm d \pmod{m}$$
$$ac \equiv bd \pmod{m}$$
したがって，とくに任意の自然数 n に対して
$$a^n \equiv b^n \pmod{m}$$
が成り立つ．

定理の証明は簡単である．

上の問題と定理 1.3 とから，ガウスが DA でいうように $\equiv$ が等号 $=$ によく似た性質を持っていることが解るであろう．

§3. 素因数分解の一意性

定理 1.1 の証明は不定方程式論における基本形といえるもので，微分方程式の変数分離形と対比されよう．その本

質的部分は (1.8) である．すなわち互いに素な二つの自然数の積が平方数であることから各々が平方数であることが導かれている．この事実とその変形は今後の主題の一つであるから，もう少し詳しく調べてみよう．

a, b, c を自然数とし，
$$ab = c^2, \quad (a, b) = 1 \qquad (1.9)$$
が成り立っているとする．

a, b, c を素因数分解して
$$a = p_1{}^{l_1} \cdots p_t{}^{l_t}, \quad l_1 \geqq 0, \cdots, l_t \geqq 0$$
$$b = p_1{}^{m_1} \cdots p_t{}^{m_t}, \quad m_1 \geqq 0, \cdots, m_t \geqq 0$$
$$c = p_1{}^{n_1} \cdots p_t{}^{n_t}, \quad n_1 \geqq 0, \cdots, n_t \geqq 0$$
とする．ここで $p_1, \cdots, p_t$ は相異なる素数である．$ab = c^2$ より
$$p_1{}^{l_1+m_1} \cdots p_t{}^{l_t+m_t} = p_1{}^{2n_1} \cdots p_t{}^{2n_t} \qquad (1.10)$$
を得る．「すべての自然数は素数の積にただ一通りの方法で分解される」から，(1.10) から
$$l_1 + m_1 = 2n_1, \quad \cdots, \quad l_t + m_t = 2n_t \qquad (1.11)$$
が従う．しかるに $(a, b) = 1$ という条件によって，各 j に対して $l_j = 0$ または $m_j = 0$ でなければならない．したがって仮に $l_j = 0$ ならば $m_j = 2n_j$，また $m_j = 0$ ならば $l_j = 2n_j$ となる．すなわち，各 l_j, m_j はすべて偶数でなくてはならない．よって (1.9) から，a, b が平方数であることが導かれるのである．

この証明の中で本質的なのは，(1.10) の両辺を見較べて (1.11) を導きだす部分である．言葉を換えていえば，

自然数に対しては素因数分解がただ一通りの方法で行なわれる,という主張(**素因数分解の可能性と一意性**)である.

自然数の素因数分解の一意性は,現在でこそ「**初等数論の基本定理**」と呼ばれて,その重要性は十分認識されているが,必ずしも素因数分解の一意性の成り立たない数の集合(いわゆる環)が,フェルマーの大定理との関連において,発見されるまでは,無意識的に使われてきたのである.

定理 1.4 (**初等数論の基本定理**) 1 より大きい自然数は素数の積に分解でき,順序を除けば,その分解はただ一通りの方法である.

たとえば 12 は
$$12 = 2 \times 2 \times 3 = 2 \times 3 \times 2 = 3 \times 2 \times 2$$
といくつかの方法で素数の積に分解されるが,現われる 2 の個数,3 の個数は一定である.どんな自然数でも同じことがいえることを主張するのが定理 1.4 である.

定理 1.4 はガウスにより,DA において初めて明確にその重要性が指摘され,そして厳密に証明を与えられた.

DA の第 2 章で,まず a も b も素数 p で割れないならば,積 ab も p で割れないという命題とその証明を与え,続いて次のように述べている:

エウクレイデス(ユークリッド)はすでにこの定理を『原論』(第 7 巻 32〔実は 30;ガウスの記憶違い〕)にお

いて証明している。しかしながらわれわれは、多くの現代の著者が、証明のかわりにあいまいな計算を採用しているか、定理そのものを完全に無視しているという理由、およびこの正しく単純な場合によって、もっとずっとむずかしい問題を解くのに後に用いられるであろう方法の性質をずっと容易に理解できるという理由によって、証明を省略したくなかったのである。

この、p が素数のときは、
$$p \mid ab \implies p \mid a \text{ または } p \mid b \tag{1.12}$$
という性質が、素因数分解の一意性を意味していることは明らかである。その証明の冒頭で、ガウスは重ねて次のように述べている：

　任意の合成数が素因数へと分解できることは初等的考察から明らかであるが、これを多くの異なる方法で行なうことはできないということは暗黙のうちに仮定されていて、一般には証明されていないのである。

DA が出版されたのが、1801 年である。第 3 章で述べるように、円分体における素因数分解の一意性に起因する騒動が 1847 年。ガウスがいかなる天才であったかはこの一事をもってしても知ることができる。

定理 1.4 の証明自身は初等数論の任意の書物に載っているから、それらに任せることにする。ただ一つ、素数の定

義に関して注意を喚起しておきたい.通常,素数の定義は次の通りである:

定義 1.5 1でない自然数 p が素数であるとは,p の約数が 1 と p 以外にないことをいう.記号でいえば
$$d \mid p \implies d = 1 \text{ または } d = p \tag{1.13}$$
のとき,p は素数である.

一方,(1.12) を素数の定義に使うこともできる.すなわち,

定義 1.6 1でない自然数 p は任意の自然数 a, b に対して
$$p \mid ab \implies p \mid a \text{ または } p \mid b \tag{1.12}$$
が成り立つとき,素数であるという.

(1.13) を素数の定義とすると,素因数分解のできることは明らかだが,その一意性は証明を要すること,ガウスの言う通りである.(1.12) を素数の定義とすると,素因数分解の可能性は証明を要する事柄となるが,その一意性はまったく自明のこととなる.

歴史的には (1.13) が採用されてきたが,近代的な環論における用語との整合性という観点からは (1.12) のほうが望ましいように思われる.代数学の用語を使って言えば,**整数環 Z** において (1.13) はイデアル (p) が極大イデアルであることを意味し,(1.12) は (p) が素イデアルである

ことを意味する．「極大ならば素」はよく知られているから (1.13) から (1.12) が出る．一方，(1.12) から (1.13) は直ちに示せるから，Z では（一般には，単項イデアル整域では）(1.12) と (1.13) は同値である．そこで本書では一貫して (1.12) を素数，さらには素元の定義に採用することにする．したがって「素元分解の一意性が成り立たない」と標語的にはいうが，本当は「素元分解の可能性」が問題なのである．

§4. Plimpton 322

われわれはピュタゴラス数の全体を求める公式 (1.5) を知り，それがすべてのピュタゴラス数を与えるという証明に関連して，整数論の宿痾たる「素因数分解の一意性」問題を垣間見て来た．ここで趣きを変えて，一体いつ頃から，ピュタゴラス数を与える公式 (1.5) が，経験的にせよ，知られていたのだろうか，という話に移ることとする．

ピュタゴラス数に関する資料は，驚くべきことに，古バビロニア期 (B.C.1900 年頃から同 1600 年頃まで) にまで遡る．1945 年，ノイゲバウアーはサックスとともに，ピュタゴラス数を与える原理 (1.5) が知られていたと断定するに足る数表（図 1.1 参照）の解読に成功した．

この楔形文字の数表はコロンビア大学のプリンプトン・コレクション中，322 番という番号がついているので，Plimpton 322 と呼ばれている刻板である．数表の意味を知るために，バビロニアの数字と計算法について必要最小

限の予備知識を得ておく必要がある.

バビロニアでは最初は 10 進法を用いたが, 後に 60 進法に変化した. だから数字は 10 進法のなごりが残っている. まず 1 から 9 までは下図のごとくである:

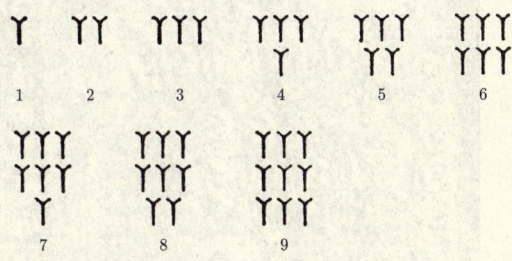

次に 10 から 50 までは次のごとくである:

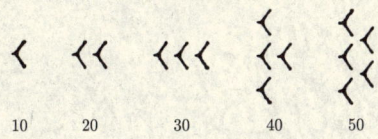

これらを組み合わせて, たとえば 31 は

と表わす.

これでもって 1 から 59 の数は表現できるが, それから後をどうするか, で二つの考え方がある.

一つは桁が変わるごとに新しい数字を用いる方法である. た

図 1.1 Plimpton 322 (O. Neugebauer, *The Exact Sciences in Antiquity* (1957) より. By permission of University Press of New England. Second edition published 1957 by Brown University Press.)

とえばローマ数字では $10, 100, 1000$ は X, C, M と書かれる．もう一つの方法は位取り法の採用である．これはわれわれの現在採用している方法である．いずれが記数法としてすぐれているかは論を俟たない．

バビロニア人は計算術に長じていて，平方数表，逆数表など各種の数表が，飽くことなく作られていた．そのせいかどうか，不完全ながらも位取り法が採用されている．たとえば

[10 進法では]

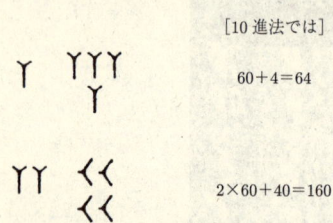

$60+4=64$

$2\times 60+40=160$

のように，少し空白を置く方法を取ったのである．われわれは上の二つの例の数字を表わすのに

$$1, 4 \qquad 2, 40$$

という方法を用いることにしよう．古バビロニア期では $1, 4$ と $1, 0, 4$ すなわち $60+4=64$ と $60^2+4=3604$ を区別する方法は発明されなかった．前後の関係で判断されたのであろう．数表ではそれでもよかったのかもしれない．ずっと後，アレキサンダー大王による征服の頃になって，間に斜めのくさび

§ 4. Plimpton 322

𝐘𝐘

を入れる方法が導入された．したがって

𝐘𝐘 ⁄𝐘𝐘

は $2 \times 60^2 + 0 \times 60 + 2$ を表わすのである．ただ，この記号は数字間の空白を示すために用いられるだけだったから，2,2 と 2,2,0 と 2,2,0,0,…… などを区別することはできなかった（現行の記号 0（ゼロ）の果たしている役割の大きさをここから知るべきである）．

なお

𝐘𝐘 𝐘𝐘

は 2,2 すなわち $2 \times 60 + 2$ を表わしているばかりではなく，$2 + 2 \times 60^{-1}, 2 \times 60^{-1} + 2 \times 60^{-2}$ などをも表わしている．これは乗法を行なう場合，小数点の位置を後から移せばいいことを意識的に行なっていることを示している．このことはメソポタミア人がすぐれた数覚を持っていたことを如実に語るものであろう．

なお除法を行なうには次の表が用いられる：

2	30
3	20
4	15
5	12
6	10
8	7,30
9	6,40
10	6
12	5

　同一行の積がつねに60の冪になるということから，これが逆数表であることが解る．7や11の逆数はない．それは無限小数になるからである．60の素因数，すなわち，2, 3, 5の冪積から作られる数（$2^a 3^b 5^c$ の形の自然数）を正則数という．

　以上の予備知識をもとにして，ノイゲバウアー（[72], pp. 36-38）の講釈を聞いてみよう：

〔三平方の定理がバビロニアで知られていたことの解説に続いて〕

　左側の割れ目から明らかなように，この刻板は元はもっと大きなものであった；その割れ目に現代のニカワが残されていることから，残りの部分が発掘の後に失われたのだということが解る．四つの列が保存されていて，通例のように左から右へと数えられる．各列には見出しがついている．最後の列の見出しは「名前」で，それは

単に「通し番号」である，そのことはその下の数の列が単に1番から15番までの行の数を単に数えているだけなことから明らかである．この最後の列は，したがって，数学的おもしろさはない．II, III の列はそれぞれ，「幅の解数」，「対角線の解数」とでも訳される言葉が見出しとなっている．「解数」は平方根や類似の操作との関連で使われる用語としてはやや不満な訳語であり，現代のわれわれの専門用語の中にぴったりと当てはまるものはない．そこでこれらのかわりにそれぞれ単に「b」と「d」という見出しを置くことにしよう．「対角線」という言葉が第一列の見出しにも見えるが，残りの正確な意味は解らない．

I, II, III 列の数字は次の表（表1.1）に書き直してある．[ ] の中の数字は復元したものである．四行目以下の最初の [1] は写真から明らかに見て取れるように半分保存されている．第14行の「1」は完全に保存されている．書き直しの際，私は必要な個所にゼロを補った；原本自身にはそれらはない．

これらの数字の間に成り立つ関係は次の通りである．第二，第三の列の b, d はピュタゴラス数である；つまり，それらは

$$d^2 = b^2 + c^2$$

の整数解なのである．（後略）

この後，どういう順序で数字が排列されているかの説明が

表 1.1

I	II(= b)	III(= d)	IV
[1, 59, 0,] 15	1, 59	2, 49	1
[1, 56, 56,] 58, 14, 50, 6, 15	56, 7	3, 12, 1	2
[1, 55, 7,] 41, 15, 33, 45	1, 16, 41	1, 50, 49	3
[1,] 5[3, 1,] 0, 29, 32, 52, 16	3, 31, 49	5, 9, 1	4
[1,] 48, 54, 1, 40	1, 5	1, 37	5
[1,] 47, 6, 41, 40	5, 19	8, 1	6
[1,] 43, 11, 56, 28, 26, 40	38, 11	59, 1	7
[1,] 41, 33, 59, 3, 45	13, 19	20, 49	8
[1,] 38, 33, 36, 36	8, 1	12, 49	9
1, 35, 10, 2, 28, 27, 24, 26, 40	1, 22, 41	2, 16, 1	10
1, 33, 45	45	1, 15	11
1, 29, 21, 54, 2, 15	27, 59	48, 49	12
[1,] 27, 0, 3, 45	2, 41	4, 49	13
1, 25, 48, 51, 35, 6, 40	29, 31	53, 49	14
[1,] 23, 13, 46, 40	56	1, 46	15

続く.以後多くの学者によって,見出しの言葉などから時代,地域,さらに排列の方法,意図などについての考証が進められている.中でもプライスの論文 [74] は説得的だが,少し専門的でもあり,長くもあるので,ボイヤーの本 [4] からその通俗化された解説を聞いてみよう.

　表の中味がバビロニア人に意味したであろうものを理解するために,下のような直角三角形を考えてみよう.
　左から第 2,第 3 の列の数字がそれぞれ a, b を表わすと考えるなら,第 1 列の数字は b の c に対する比の平方

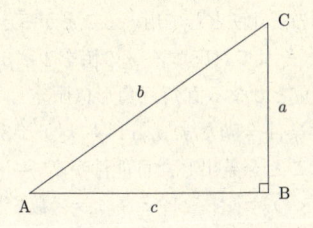

を表わしている．したがって第1列は $\sec^2 A$ の簡便な表なのである．第1列のコンマをセミコロンに置き換えてみるなら，この列の数字は上から下へ単調に減少していることは明らかである〔セミコロンは小数点を意味する：足立注〕，さらに最初の数は $\sec^2 45°$ にきわめて近く，最後の数字は近似的に $\sec^2 31°$ である〔1; 59, 0, 15 は $1+\dfrac{59}{60}+\dfrac{15}{60^3}$ すなわち約 1.98340 を意味し，$\sec^2 45°=2$ に近い．同様に 1; 23, 13, 46, 40 は約 1.38716 を意味し，$\sec^2 31° \fallingdotseq 1.36103$ に近い：足立注〕，中間の数字は A が 45° から 31° に減少していくときの $\sec^2 A$ の近似値である．この排列はあきらかに偶然の結果ではない．排列は注意深く考慮されているばかりではなく，三角形の各寸法〔底辺・高さ・斜辺のこと〕が一定の規則に従って導かれている．数表を作成した人々は二つの正則な 60 進数〔これを $p, q\,(p>q)$ と記す〕から始めて，三つの数 $p^2-q^2,\ 2pq,\ p^2+q^2$ を作っている．かくして得られた三つの整数はピュタゴラス数をなすことが容易に解る．ゆえにこれらの数は $a=p^2-q^2,\ c=2pq,\ b=p^2+q^2$ の

直角三角形の三寸法として用いることができる．q の値を 60 以下に，そして対応する p の値を $1 < p/q < 1+\sqrt{2}$，すなわち，$a < c$ なる直角三角形に限定して，バビロニア人はこの条件を満たす p, q はちょうど 38 個のペアがあるということを見出した可能性が高い．そしてこれらに対して 38 の対応するピュタゴラス数を構成した．比 $(p^2+q^2)/2pq$ が減少する順に並べられた，最初の 15 個だけが刻板上の数表に含まれているのであるが，筆記者は刻板にさらに表を続けるつもりであったろうと思われる．なお，Plimpton 322 の左の欠けた部分には四つの列があって，$p, q, 2pq$ およびわれわれが $\tan^2 A$ と呼んでいるものが列記されていたのではないか，ともいわれている．

表中で一番大きいピュタゴラス数は第 4 行で与えられている．すなわち
$$(a, c, b) = (12709, 13500, 18541)$$
という驚くべき数値である．試行錯誤で得られるような代物ではないことを改めて認識していただきたい．参考のため 10 進法による対応する表を作って掲げておく（表 1.2）．

表中，11 番目を除けば，p, q が $(a, c) = 1$ となるように選ばれていることが解る．11 番目は $p=2, q=1$ したがって $a=3, c=4, b=5$ という一番よく知られた直角三角形に対応しているのだが，これだけが $p=60, q=30$ となっているのはなぜだろうか．

表 1.2

	p	q	a $=p^2-q^2$	c $=2pq$	b $=p^2+q^2$	角 A(約)
1	12	5	119	120	169	44.76°
2	64	27	3367	3456	4825	44.25°
3	75	32	4601	4800	6649	43.79°
4	125	54	12709	13500	18541	43.27°
5	9	4	65	72	97	42.08°
6	20	9	319	360	481	41.54°
7	54	25	2291	2700	3541	40.32°
8	32	15	799	960	1249	39.77°
9	25	12	481	600	769	38.72°
10	81	40	4961	6480	8161	37.44°
11	60	30	2700	3600	4500	36.87°
12	48	25	1679	2400	2929	34.98°
13	15	8	161	240	289	33.86°
14	50	27	1771	2700	3229	33.26°
15	9	5	56	90	106	31.89°

$\dfrac{p^2+q^2}{2pq}$ の計算をするとき,$p=(1,0)$,$q=30$ ならば $2pq=(1,0,0)$ となり,逆数の計算が不要になるからではないかと思うが,どうだろうか.

いずれにしても $q<60$ と限定したと考えるのは,60進法という観点から頷けるし,p,q が正則なものを網羅しているという点から,∠A の正接(の平方),または正割(の平方)を計算するのが目的なのだということが納得される.そういうわけで $a=3$,$c=4$,$b=5$ という三角形が入っている必要はない.

Plimpton 322 のその後の研究については [27],[78] を参照されたい.

§5. ギリシャ時代

ギリシャ時代になるとプラトンによって与えられたピュタゴラス数の公式もあるが,一番完全なのはエウクレイデスの『原論』とディオファントスの『算術』である.ディオファントス(3世紀頃)は巷間にいわれるように,できれば整数解を欲したのではなく,有理数解を得ることしか目的としていない(この点は第6章で詳述).ディオファントスの特色はこれと共に,幾何学的色彩の強いギリシャ数学の中にあって,バビロニアの伝統を直接に受け継ぎ体系的に問題を解くことによって不定方程式論を発展させていることにある.また,バビロニアにおいても未知数的な言葉の使用法(「面積」,「直線」といった言葉自身を未知数のよ

うに扱う）があったということだが，ディオファントスは未知数にアルファベットを用いている点も特筆される（『算術』の内容は［98］を参照のこと）．

また，『算術』のバシェ版がフェルマーに読まれ，近代の整数論が始まったということも忘れることができない点である．

『算術』の原典からの信頼できる現代語訳とされる仏訳［16］によってピュタゴラス数に関する叙述を見てみよう．

簡単のために，未知数を N，未知数の平方を Q，数の単位を U で表わすことにする：

『算術』第2巻，問題8

与えられた平方数を二つの平方数の和に分かつ．

16を二つの平方数の和に分けよう．その二数の一つを $1Q$ とせよ．したがって，二数の第二のものは $16U-1Q$，したがって，この $16U-1Q$ は平方数に等しいはずである．未知数 N の任意個数から $16U$ の平方根だけの単位 U をひいたものを平方する．これが $2N-4U$ だとしよう．したがってその平方は $4Q+16U-16N$ である．これが $16U-1Q$ に等しいのである．負項を両方の項に加えたり，また同じ数を引いたりする．これから $5Q$ が $16N$ に等しいことがわかる．したがって，N は $\dfrac{16}{5}$ である．したがって求める数の一つは $\dfrac{256}{25}$，他方は $\dfrac{144}{25}$．さてその和は $\dfrac{400}{25}$，すなわち $16U$，そして各々

は平方数である.

これを現行の記号法を使って書き換えれば,つぎのようになる:

与えられた平方数を 16 とし,x^2 を求める平方数の一つとすれば,$16-x^2$ が平方数でなければならない.$(mx-\sqrt{16})^2$ という形の平方数を考えよう.ここで m は任意の整数とする.

とくに $m=2$ として $(2x-4)^2$ をとり,これが $16-x^2$ に等しいとおく.したがって $4x^2-16x+16=16-x^2$.これから $5x^2=16x$.したがって $x=\dfrac{16}{5}$.よって求める平方数は $\dfrac{256}{25}$ および $\dfrac{144}{25}$ である.

一般的な数を表わす記号が一つしかないために,フロイデンタールのいう「準一般的」に,特定数 16 または 2 をもってこなければならなかったのであるらしい.

一般的な数(パラメータ)が文字で表わされるようになったのは,ずっと後代のことで,その最初の人はヴィエトであるという.これによって一般的推論が可能になったのだから,ヴィエトの業績は難問を一題解いた,というのとは次元が違う.

なお,ピュタゴラス数の必要十分性についての考察,つまり公式(1.5)で解は尽くされるのかに関する考察は 10 世紀のアラビアで行われていたということである([120] 参照).

§6. 『原論』と『算術』

ギリシャにおける数学上の二大潮流として幾何学と算術とが考えられる.

幾何学に関する代表的著作は, もちろん, エウクレイデス（ユークリッド）の『原論』であり, 算術に関する代表的著作はディオファントスの『算術』である.『原論』においても少なからず算術はとり上げられてはいる. 第7巻から第9巻までは整数論が扱われている. また第2巻には, いわゆる「幾何学的代数」と呼ばれる, 代数的内容を図形の問題に転化する手法によって算術が扱われている. たとえば第2巻命題1は内容的には

$$a(b+c) = ab+ac$$

を表わし, その証明が与えられているのである. この幾何学的代数の手法は現在でも小中学生に説明する場合の手っ取り早い証明方法として採用されている. 自然数よりも広い範囲の数の基礎理論を展開するに際し, 最も厳密な証明法として幾何学的手法をギリシャ人が採用したのはきわめて自然なことのように思われるのである. ただし, この第2巻が代数を展開しているのではなく, 幾何学上のさらに高度な問題を解くための補題であるという説も有力であることを付言しておく.

また『原論』の第10巻には2次の無理数論が扱われている. このように『原論』は算術に無縁というよりは, 本来の意味での arithmetic, すなわち, 数の高度な基礎理論が大規模に取り扱われているというべきである.

一方，ディオファントスの『算術』に扱われる題材は本来「計算術」の系譜に属するものであるが，それが「算術」（数論）と名づけられるまでに体系づけられ，昇華されているといえよう．メソポタミア地方の高度に発達した計算術を継承発展させたと考えられるのである．

ディオファントスはいくつかの例外を除いて2次方程式，または2次不定方程式を扱っているが，思想的には3乗，4乗，5乗，6乗までも考えており，『算術』が幾何学的イメージを伴わない方程式論であったことは明白である．

要約すれば，有理数の範囲ならば，まだ幾何学的イメージに訴えなくても処理でき，高冪も扱えたことと，有理数にまで拡大すれば不定方程式は（自然数の解に比して）容易に解けることが多いことから，ディオファントスの『算術』は成り立ち得たのである．

『原論』の第2巻が，代数の幾何的表現であるか，または，幾何学そのものなのかは別にして，中世において代数的主題，たとえば代数方程式，に対する証明に幾何学的な証明が用いられたことは事実である．

完全に一般的な証明がつけられた『原論』に較べて，『算術』の準一般的解法が一段見劣りするように感じられるのも一方では仕方のないことであった．

代数的な証明法は記号法の進化を俟つ他なく，不完全ながらも，新しい手法に取り組んだ意義を評価すべきであろう．

ポール・ヴェル・エックによるフランス語訳 [16] によ

って『算術』の巻頭を引用してみよう：

　第1巻
　尊敬するディオニュシオス，君が数の問題を解くことを学ぶのに熱心なことを知っているので，物事がその上に確立されている基礎から始めて，数の本性と冪の説明を企てよう．（中略）
　とりわけ，君が知っているように，すべての数は単位が幾量か集まって作られ，その確立は無限に拡がることは明らかである．それらの数の中に，とりわけ次のような数がある：ある数とそれ自身をかけ合わせて得られる平方数（tetragonos）があり，もとの数は平方（数の）根と呼ばれる；次に，平方数にその平方根をかけて得られる立方数（kubos）；続いて，平方数とそれ自身をかけて得られる二重平方（dynamodynamis）；さらに，平方数とその平方数と同じ根をもつ立方数をかけて得られる平方立方数（dynamokubos）；最後に，立方数とそれ自身をかけ合わせて得られる二重立方数（kubokubos）．さて，多くの算術の問題の中の結合というものはこれらの数の和，差，積，比によって生ずることになる；そして君が以下に示される道に従うならば，これらの問題は解かれるであろう．
　算術の理論の要素は，省略表示を受けた後のこれらの数の各々からなると取り決めたのであった．かくして，冪数を平方数と呼び，その特別記号は肩に Υ（ウプシロ

ン）をつけた Δ である；すなわち冪数は Δ^Υ である．平方数にその根をかけた数は立方数で，その特別記号は肩に Υ をつけた K である；すなわち立方数は K^Υ である．平方数とそれ自身をかけ合わせて生ずるものを二重平方数と呼び，その特別記号は肩に Υ をつけた二つのデルタである；すなわち二重平方数は $\Delta^\Upsilon\Delta$ である．平方数とその平方数と同じ根をもつ立方数とをかけて得られる数を平方立方数と呼び，その特別記号は肩に Υ をつけた ΔK である；すなわち平方立方数は ΔK^Υ である．立方数とそれ自身とをかけ合わせて得られる数を二重立方数と呼び，その特別記号は肩に Υ をつけた二つのカッパである；すなわち二重立方数は $K^\Upsilon K$ である．最後に，上に述べたいずれの特性も持たないが，それ自身，単位の不定量である数は数 (arithmos) と呼ばれて，その特別記号は S である．さらに定まった数の不変量，すなわち，単位に対するもう一つの特別記号があって，これは $\overset{\circ}{M}$ である．

以上の引用は，ことさら，直訳をしたもので読み取りにくいかもしれない．これによると，未知量は〈単位の不定量〉と定義され，〈数〉と呼ばれていることが解る．〈すべての数は単位が幾量が集まって作られ〉るのであるから，これは当然で，未知量という用語を当てるのはやや疑問であろう．また定義を見れば，未知量の冪や既知量の冪を分けて考えているわけではないことが解る．本来は既知量の

羃にも文字が使えるのであるが，それでは未知量の羃に文字が使えなくなるので，未知量の羃だけが解法の中に現われてくるのである．つまり，記号はあくまで繰り返される用語の省略記号なので，二つの異なった表わし方で，たとえば平方数を考えることは，基本的に無理なのである．同様に『算術』には未知数を表わす文字が一つしかないのも当然なのである．

これを通例のように，たとえば中村幸四郎 [114] のように，後半は未知数の羃を定義したものであると考え，〈未知数の平方を dynamis といい，Δ の上に Υ をつけて Δ^{Υ} で表わす〉うんぬん，と訳すのは，未知数とその羃にだけ記号があったことになり，既知数の記号化は，数字をギリシャ文字で表わしたから，基本的に困難であった，という解釈を引き出す．大変もっともな議論のようであるが，未知数という言葉がそう明確にあるわけではないので，少し読み込みすぎのきらいがあると私には思われる．すなわち，文中にあるように，記号は省略記号なのであって，ある数，ある平方数，という用語の繰り返しを避けているにすぎない．したがって，既知数の平方，未知数の平方といった区別があったわけではないのである．

自由変数（パラメータ）を既知数の記号化といういい方で捉えるのは，少し問題があるように思われる．すなわち，ヴィエトがパラメータを用いたということは，この時代には，もう記号が単に省略記号ではなかったことを意味するわけで，この辺の区別がもう少し研究される必要があろう

と思われるのである．私には，ヴィエトの場合，後述のように，幾何学からの脱却，代数学における一般的推論の達成という明確な意図があったように思える．

中村 [114] にはウマル・ハイヤーム (1123 年没) の『代数学』を訳した一節がある．そのまた一部を引用させていただこう：

> 代数的解法は方程式を用いて遂行される．代数学者が計量の問題において二重平方を用いる場合には，二重平方は幾何学的可測量ではないから，それは比喩的なものであって実在的なものとは解すべきでない．可測量はまず最初に 1 次元のものである．すなわち「根」，あるいは正方形の辺がこれである．次に 2 次元のもの，すなわち面である．そして「平方」は正方形の面積であるから可測量である．そして最後に，3 次元のもの，すなわち平行六面体あるいは立方体は可測量である．これ以上の次元数は存在しないから，二重平方やそれ以上のものはなおのこと可測量には属さない．……
>
> 数，辺，平方，立方，これらの四種の数学的量を用いて方程式を立てるのに，いままでの代数学者は数，辺，平方だけを含んだものを取り扱っていた．われわれはこれに反し可測量の全種類を含む方程式を定める方法を展開しようと思う．すなわち数，物，平方および立方を含むものである．

ここに明瞭に書かれている，4次以上は可測量ではない，という言明をどう解釈するか，はまったく興味深いことである．

すなわち，一つの見方が，ディオファントスの頃には考えられえた4次以上の冪が，エウクレイデスの強い影響とディオファントスの埋没によって，幾何学的に考えられないものは一切実在にあらずというように徹底していったすえ，考えられなくなったとするのである．もう一つは，自然数の範囲に限定すれば，冪はいくらでも考えられるが，連続量をも対象とするときは幾何学的にしか考えられなかったという見方である．

私は，後者のほうが正しいと思う．その理由は，連続量をも扱うときは，ヴィエトはもちろんのことフェルマー，デカルトに到るまで，かなり神経質に次元の統一性に注意を払っているが，算術の問題や三角法の問題では高次の方程式が自由に考えられていることによる．

高次の冪が考えられるかどうかの問題について数学史の書物にははっきりした判断が示されていないが，後のフェルマーの「近代整数論の独立宣言」を解釈する際に必要となるので，あえてここに一つの判断を示したのである．

§7. ガウスの整数による解法

§2でわれわれはピュタゴラス方程式 (1.1) の古典的解法を学んだが，この節では代数的整数論の雛型であるところの「ガウスの整数」を用いる解法を紹介しよう．

Z によって整数全体の集合を表わす：
$$Z = \{0, \pm 1, \pm 2, \cdots\}$$
ピュタゴラス方程式
$$x^2 + y^2 = z^2 \tag{1.1}$$
の左辺をそのまま因数分解すると
$$(x+yi)(x-yi) = z^2 \tag{1.14}$$
となる．ここに $i^2 = -1$ とする．
$$Z[i] = \{x+yi \mid x, y \in Z\}$$
とおいて，$Z[i]$ の元をガウスの整数と呼ぶことにする．$Z[i]$ において素数，倍数といった概念がうまく定義できて，(1.14) を満たす $x+yi$ と $x-yi$ が $(x, y) = 1$ のとき $Z[i]$ においても互いに素ということになれば，その積が平方数 z^2 なのだから，$x+yi$, $x-yi$ はともに $Z[i]$ の平方数であることになる．つまり
$$x + yi = (u+vi)^2, \quad u, v \in Z$$
と書ける．したがって
$$x + yi = (u^2 - v^2) + 2uvi$$
$$\therefore \quad x = u^2 - v^2, \quad y = 2uv$$
(1.1) へ代入して $z = u^2 + v^2$ を得ることになる．

これでいいようなものだが，y が偶数だと仮定してもいないのに $y = 2uv$ となっているからには，どこかに論証上の間違いがあるに違いない．

おおむね，上記のような方向で議論をするために，素数とか，約数とかの定義をキチンとやっておかねばならない：

§7. ガウスの整数による解法

定義 1.7　$\alpha = a+bi$, $\beta = c+di$ がガウスの整数であるとする．すなわち，$a, b, c, d \in \mathbf{Z}$ とする．ただし，$\alpha \neq 0$ とする．β が α の倍数である，また α が β の約数であるとは，ある $\gamma \in \mathbf{Z}[i]$ を取れば
$$\beta = \gamma \alpha$$
が成り立つことをいう．

例　$(1+i)(1-i) = 2$ だから，2 は $\mathbf{Z}[i]$ において $1+i$, $1-i$ の倍数である．また $1 \pm i$ は 2 の約数である．

定義 1.8　ε $(\in \mathbf{Z}[i])$ が単数であるとは
$$\varepsilon \varepsilon' = 1$$
となる ε' $(\in \mathbf{Z}[i])$ が存在するときにいう．

例題　$\mathbf{Z}[i]$ における単数は $\pm 1, \pm i$ だけである．

証明　$(a+bi)(c+di) = 1$, $a, b, c, d \in \mathbf{Z}$ とする．
$$\begin{aligned} 1 &= |(a+bi)(c+di)|^2 \\ &= |a+bi|^2 |c+di|^2 \\ &= (a^2+b^2)(c^2+d^2) \end{aligned}$$
$$\therefore \quad a^2+b^2 = 1, \quad c^2+d^2 = 1$$
これより結果を得る．□

ε が単数であるとは，ε が 1 の約数であることを意味する．$\mathbf{Z}$ における ± 1 と同じ働きをするのが単数である．上の例

で $1 \pm i$ は 2 の約数だといったが,$\pm(1 \pm i), \pm 2i, \pm i, \pm 1$ などはすべて 2 の約数なのである.

仮に $x+yi, x-yi$ が互いに素,つまり単数以外の公約数を $\boldsymbol{Z}[i]$ において持たないということが示せたとすると,その積が平方数なのだから,実は
$$x+yi = \pm(u+vi)^2$$
または
$$x+yi = \pm i(u+vi)^2$$
と表わせるというのが正しかったのである.こうすると後者から $x = \pm 2uv$, $y = \pm(u^2-v^2)$ が出る.

$(a,b)=1$ なら a,b は $\boldsymbol{Z}[i]$ においても互いに素であることを示そう.

$(a,b)=1$ とすると,よく知られているように
$$ax+by=1 \tag{1.15}$$
を満たす $x, y \ (\in \boldsymbol{Z})$ が取れる.

α を $\boldsymbol{Z}[i]$ の元として,a,b の両方を割り切るものとすれば,α は $ax+by$ をも割り切る.従って (1.15) により α は 1 の約数ということになる.つまり α は単数である.

以上により a,b は単数以外の公約数をもたない,つまり,互いに素であることが示された.□

つぎに,素数という概念をガウスの整数にまで拡張すれば,準備は完了する.

定義 1.9 $\pi \in \boldsymbol{Z}[i]$ が素元であるとは,π は単数ではな

く,さらに $\alpha, \beta \in \mathbf{Z}[i]$ に対して

$$\pi | \alpha\beta \implies \pi | \alpha \text{ または } \pi | \beta$$

が成り立つことをいう.

この定義は整数の場合に準ずるものである.しかし,たとえば2は $\mathbf{Z}$ においては素数であるが, $\mathbf{Z}[i]$ においてはそうではない.なぜなら, $\alpha=1+i, \beta=1-i$ とすると, $2|\alpha\beta$ だが, $2 \nmid \alpha, 2 \nmid \beta$ がいえることは簡単に解るからである.

それでは $\alpha=x+yi$, $\beta=x-yi$, $(x,y)=1$ とし,さらに $\alpha\beta=z^2, z\in \mathbf{Z}$ が成り立っているとして, α と β が互いに素であることを示そう.

いま π が $\mathbf{Z}[i]$ の素元であるとし, $\pi|\alpha$ かつ $\pi|\beta$ であるとする. $\alpha\pm\beta$ を考えて, $\pi|2x, \pi|2yi$ を得る. i は単数だから, $\pi|2y$ である(実際, $\pi\gamma=2yi$ とすれば, $\pi(-\gamma i)=2y$ だからである).仮に $\pi|2$ とする. $\pi|\alpha$ より $\pi|z^2$. π は素数だから $\pi|z$. z は奇数だから 2 と素,したがって前頁に述べたことより $\mathbf{Z}[i]$ においても 2 と z とは互いに素である. $\pi|2, \pi|z$ にこれは矛盾する. $\therefore \pi \nmid 2$.

$$\therefore \pi|x, \quad \pi|y$$

これは $(x,y)=1$ に矛盾する.これによって, α と β は $\mathbf{Z}[i]$ において互いに素であることが証明された. □

以上,解説の都合上ズラズラと概念導入を途中にはさみながらやってきたので,ここで整理してみよう:

$(x,y)=1$ であるとする．(1.1) の左辺を因数分解すると

$$(x+yi)(x-yi)=z^2$$

$(x,y)=1$ により $\alpha=x+yi, \beta=x-yi$ は $\mathbf{Z}[i]$ において互いに素である．その積 $\alpha\beta$ は $\alpha\beta=z^2$ により $\mathbf{Z}[i]$ において平方数である．

「**α,β は互いに素で，$\alpha\beta$ は平方数だから，α,β はともに単数因子を除いて平方数でなければならない**」

ゆえに

$$x+yi=\varepsilon(u+iv)^2\ ;\quad \varepsilon=\pm 1,\pm i\ ;\quad u,v\in\mathbf{Z}$$

と書ける．したがって

$$x=\pm(u^2-v^2),\quad y=\pm 2uv,\quad z=\pm(u^2+v^2)$$

または

$$x=\pm 2uv,\quad y=\pm(u^2-v^2),\quad z=\pm(u^2+v^2)$$

である．$(x,y)=1$ から $(u,v)=1$，かつ u,v の一方は奇数で，他方は偶数なることが解る．

太字で書いたところが，$\mathbf{Z}[i]$ における素因数分解の可能性とその一意性から得られることはすでに§3で説明ずみである．$\mathbf{Z}[i]$ における当該の定理は，やはりガウスによって1832年に証明された ([29])．現代の代数学の教科書には必ずこの定理が載っている．

証明自身はさほどむずかしくはないが，その意味するところの重要性を認識することが大切なのである．長くなったが仕方がない．フェルマーの大定理の歴史的意味を把握するためには，最低限これだけの説明が必要である．

要するに次の定理が成り立つ：

定理 1.10 $Z[i]$ において，素因数分解が一意的に行なわれる．詳しくいえば，α を $Z[i]$ の 0 でも単数でもない元とすると

$\alpha = \pi_1{}^{m_1}\cdots\pi_s{}^{m_s}$ （$\pi_1, \cdots, \pi_s$ は相異なる $Z[i]$ の素元）

の形に表わせる．また

$$\alpha = \rho_1{}^{n_1}\cdots\rho_t{}^{n_t}$$

を α のそのようなもう一つの素因数分解とすれば，

$$s = t$$

で，しかも $\pi_1, \cdots, \pi_s, \rho_1, \cdots, \rho_s$ の番号をうまくつけ替えて

$\pi_1 = \varepsilon_1 \rho_1, \cdots, \pi_s = \varepsilon_s \rho_s$; $\varepsilon_1, \cdots, \varepsilon_s$ は $Z[i]$ の単数

とできる．

定理 1.10 によって，代数的整数論の手法によるピュタゴラス方程式の解法が完全になったのである．ピュタゴラス数に対する適用自身はたいした成果ではないが，代数的整数論とは何をする学問なのか，また，整数の概念を拡張するときどんなところがむずかしいのか，をいくらかでも理解するには好個の話題だと思う．

要約すれば，素因数分解とその一意性，および単数の扱いが焦点である．

第2章
フェルマーとその時代

§1. 15, 16世紀の状況

　中世においてギリシャ数学がまったく継承されていなかったというわけではないが，1453年，東ローマ帝国の滅亡によって，ビザンチンの学者達がイタリアの諸都市へ流れて来た頃から，急速にギリシャ数学への復古が進展することになる．それにはまた当時の印刷術の発明（1438年），インド・アラビア数字の伝来などが大きな原動力となっているものと思われる．

　エウクレイデス，パッポス，アポロニオス，アルキメデスなどに混じってディオファントスの『算術』もこの頃注目を浴びるようになる．一番最初に『算術』の重要性に注目したのは，15世紀で一番すぐれた数学者とされるレギオモンタヌスであるという．ヒースの『ギリシャ数学史』に，次のように，この点について言及されている：

　　この著者に最初に注意を喚起した功績は，まさにレギオモンタヌスに属すべきものである．かれは1463年に発表した『演説』の中で，次のように述べている．〈ディオパントスのすばらしい13巻の書物を，ギリシャ語か

らラテン語に翻訳したものは、まだない。その中には、算術全体系中の、まさに精華がかくされている。そこには今日、われわれがアラビア語で代数とよんでいる事物や財産評価の術（ars rei et census）がある〉（日本語訳 [117] より）

ただ、当時のヨーロッパの水準はアラビア代数学のレベルであり、またレギオモンタヌスの若死（1476 年, 40 歳で没）のせいもあって翻訳はならなかった。

続く百年の間ディオファントスは再び注目されることなく経過したが、1572 年, ボンベルリはその著作『代数学』(1572) の序文において、ディオファントスに言及しているそうである。中村 [113] にはその部分が訳出されている：

　……以前に、ヴァティカンの図書館において、代数学に関連して、アレクサンドリアのディオファントスという人によって著わされたギリシア語の文献が再発見された。ローマの数学講師アントニオ・マリヤ・パッツィ氏が私にそれを見せた。私はこの著者は数についてすぐれていると判断した（無理数論において、また演算の完全性において多少の問題はあるが）。このような大切な著作は世界を豊かにするという考えをもって、我々は、しかし二人とも多忙なので 6 巻あるうちの 5 巻を翻訳した。……

訳したけれども出版は果たせなくて、彼の『代数学』中に問題を取り入れたということである。

ついで、ホルツマン（クシランダー）がラテン語訳を刊行した（1575 年）。これは世上の注目を集めなかったそうだが、バシェのラテン語訳はホルツマンの訳を参考にしているということである。

このようにディオファントスを含めて、大半のギリシャ古典のラテン語訳が出揃ったのが、16 世紀末の状況である。そしてこれらの翻訳者達を含めて、失われた古典の創造的復元へと研究の重心が移りつつあった。そういう時代にわがフェルマーは生を享けたのである。

§2. ヴィエト

3 次方程式の解法が誰によって見出されたかは別として、それを最初に解説をつけて公刊したのはカルダノ（1501-1576）である。これを読めば、図形的に証明を考える流儀の絶頂をきわめた姿を窺うことができる。

基本的なテクニックの一つを説明すると、図 2.1 が
$$(a+b)^2 = a^2 + 2ab + b^2$$
を表わしていることを使うのである。3 次方程式の場合はこれを立方体にまで拡張すれば
$$(a+b)^3 = a^3 + 3a^2b + 3ab^2 + b^3$$
となる。

カルダノはたくさんの実例をあげているが、そのうちの二例を抽出する：

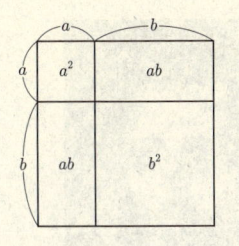

図 2.1

cubus & quadrata 3. æquentur 21　　$(x^3+3x^2=21)$
cub'p : 6 reb' æqlis 20　　　　　　$(x^3+6x=20)$

これらの式の後に，図形を用いた証明が続くのである．

それではカルダノの著書『大技術』（*Ars magna*, 1545）に紹介されているフェラリ（1522-1565）による4次方程式の解法は4次元の図形を使うのか，というと，もちろんそうではない．たとえばフェラリの扱っている

$$x^4+6x^2+36=60x$$

の例でいえば，左辺が x^2 の2次式なのだからやはり正方形を用いる方法でよいのである．

このように証明はあくまで図形によるものであり，式による推論は行なわれない．それは演算記号がないことと自由変数（一般的な数を表わす文字）がないことにより不可能なのである．

この自由変数を導入した最初の人が「代数学の父」とも「暗号学の祖」ともいわれるヴィエト（1540-1603）である．彼の記号法の一例を掲げよう：

ヴィエト

A cubus $+ B$ plano 3 in A, æquari Z solido 2
(2.1)

これは，$A^3 + 3B^2 A = 2Z^3$ を意味している．

ヴィエトは未知数に対しては母音字 A, E, I, O, V, Y を，パラメータ（自由変数）に対しては子音字 B, G, D, Z を割り当てた．未知数の平方，立方には文字のあとに quadratum, cubus をそれぞれ添え，自由変数の平方，立方には文字のあとに planum, solidum を添えた．このように，平方，立方に対して底に同一文字を用いているのは新発明である．＋がすでに用いられていることも (2.1) から知られる．また in は積を表わすのである．

ヴィエトの功績として，自由変数（数学史家は「既知数の文字化」という用語を用いるが，どうも奇妙な用語に思えるので，私は自由変数，ないしパラメータの導入と呼ぶことにする）の導入と，それによって一般的推論を可能にしたことがいわれる．すなわち代数を証明術を内包した学

問へと転換する基礎を築いたのである(ヴィエトの『解析法入門』(1591) の英訳が [47] に付録として収録されている).

そして通常ヴィエトの限界として「次元の一様性の要請」がいわれる.

次元の一様性の要請とは,例をあげていえば,長さと面積とは比較しえないという考えに基づく. それで,

> Homogenea homogeneis comparari.
> (同一種の量だけが比較しうる)

という原則を建てるのである. したがって

> 量が量に加えられれば, それは同一種の量を得る.
> 量が量にかけられれば, それは異種の量となる.
> 古代の学者達はこのことに注意を払わなかったので, 結果が不明瞭で, わけが解らなくなるのである. ([47] の付録より意訳)

ウマル・ハイヤームの場合には 4 乗以上は実在しないから扱う必要がないと考えているが, ヴィエトの段階では何乗でも考えている. ただ, 同一名のものしか比較できないという原則を建てるのである. したがってヴィエトには,
$$x^3+2x^2, \quad x^3+2x$$
といった記法はありえないのであって, (2.1) のごとく,

$$x^3+2ax^2, \qquad x^3+2a^2x$$

といったように,項の次数を統一するのである.

これを見れば,自由変数の導入が単に既知数を文字として表わす役割をになっているばかりではなく,項の次数を統一するというもっと大きな役割を演じていることが解る.次元を統一するのは幾何学と同じ厳密性を備えさせるために必要なことである(明解・厳密の代表のごとき代数学が当時はあいまいの代表であったという事実をふまえておかないと,ヴィエトや後に出てくるデカルトの業績の意味が解らなくなる).

ヴィエトは「名前」という「次元」を導入することによって代数学の厳密化を計ったのである.係数は,したがって,スカラーとして扱われているのである.既知数の文字化という用語はそういう意味でも誤解を招くので避けたい.

代数学の厳密化ということは同時に代数学の幾何学からの独立である.このことをヴィエトは自由変数の導入とそれによって可能となった次元の一様性の要請によって実現するのである.

後にデカルトも代数のあいまいさと幾何学の複雑さを指摘し,その双方の統一によって双方の問題の解決を計ろうとする(§7参照).デカルトはヴィエトの考えを進めて,次元はいつでも1に還元できることを発見する.つまりいつでも量は線分に直して考えられると主張するのである.

しかしながら,デカルトが次元の一様性の要請を完全に打ち破ったように数学史書で記述されているのは,ヴィエ

17 世紀数学者（数論関係）生没年表

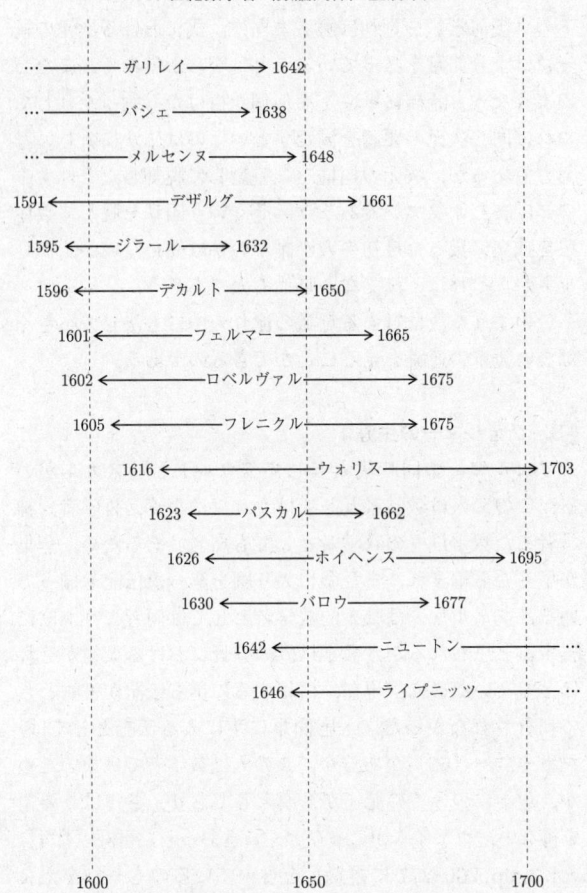

```
…────── ガリレイ ──────→ 1642
…────── バシェ ──────→ 1638
…────── メルセンヌ ──────→ 1648
1591 ←────── デザルグ ──────→ 1661
1595 ←────── ジラール ──────→ 1632
1596 ←────── デカルト ──────→ 1650
1601 ←────── フェルマー ──────→ 1665
1602 ←────── ロベルヴァル ──────→ 1675
1605 ←────── フレニクル ──────→ 1675
1616 ←────── ウォリス ──────→ 1703
1623 ←────── パスカル ──────→ 1662
1626 ←────── ホイヘンス ──────→ 1695
1630 ←────── バロウ ──────→ 1677
1642 ←────── ニュートン ────── …
1646 ←────── ライプニッツ ────── …

      1600            1650            1700
```

トに不公平なように私には思われる．後に引用するデカルトの『幾何学』を見れば解るように，式における次元の統一には十分注意を払っていることは明らかである．またどのような式も各項に単位1を何個か掛けたり割ったりしてやれば同一次元の要請を満たすというのは確かに新しい考え方であるが，次元の桎梏を「完全」に脱却したと称するのにはまだオソマツであろう．そういう囚れを脱して数体系を独立に扱った最初の人が誰なのかは知らないが，デカルトからそれほど後でない時代の人であろう．

このような数に対する意識の流れの中にも決して小さくはない変革の連続を見ることができるのである．

§3. フェルマーの生涯

フェルマーの同時代人としてデカルトとパスカルがいる．この二人は数学者としてばかりではなく，哲学者，神学者また数学以外の科学者としても高名であるため，全集が早くから編まれ，また微に入り細を穿った伝記も揃っている．フェルマーは職人的数学者としては両者より上位に属すると思われるが，数学以外の分野における業績がそれほどでないために，現在，信頼するに足る伝記が書物として刊行されなかった．一応簡単に手に入る伝記としては，マホーニー［66］があるが，この人は数学者ではないためか，数学についての記述が茫漠としており，さっぱり要領を得ない．ヴェイユがこっぴどくこきおろした書評（［94］, vol. 3, pp. 266-277 に再録）を書いているのもやむをえな

いが，それでもフェルマーの伝記の部分については，ひどい誤りはなさそうである．それで伝記上の史実についてはこの書から引用することにしたい．

　フェルマーは 1601 年，南フランスのボーモン（Beaumont-de-Lomagne, 現在は Tarn-et-Garonne）に生まれた．父は富裕な商人であり，母は名門の出であったという．少年時代は同地で過ごしたと推測され，トゥルーズ大学へ入学した．父の財力と母の家柄からして，法律関係の仕事を選んで政治力をつける方向へ向かうのは当時としてごく普通の選択であったという．トゥルーズ大学からオルレアンの法律大学へと進んで，1631 年，民法学士の学位をとった．そしてトゥルーズ高等法院の法官となって（地位に少々の昇進はあったが）終生その職をまっとうした．

　この事実をもって，フェルマーをアマチュア数学者と世上もてはやすが，ヴィエトも法律家であったし，そもそも当時の専門の数学者（大学の教授という意味では）はロベルヴァル以外いないということを考えれば，アマチュアという言葉にたいした意味はない．パスカルもデカルトも，大学の教師でもなければ終生数学をやったわけでもない．大体，数学を教科においている学校がまれであった時代なのである．フェルマーがアマチュアと呼ばれる理由に，論文を発表しなかったことをあげるならば，それも見当はずれである．大学教授のロベルヴァルはほとんど論文を公表していないのである．

ただ一つ，1636年に到って，突然にヨーロッパの知識階級に知られるようになったという事実と，後述のように，証明を人に教えようとしない変人ぶりがアマチュアとしての声価をかちえたのかもしれない．いずれにしても，フェルマーに冠されたアマチュアという枕詞が「フェルマーの大定理」に世上のアマチュア諸氏を安直に取り組ませてきた面があるとすれば，罪作りな言葉である．

彼の法律家としての地位（取得のために多額の費用を要した）のおかげで，ピエール・フェルマーからピエール・ド・フェルマーへと格が上がったのが，同じ1631年のことで，以来彼は de をつけて人から呼ばれもし，自らも名乗ることになる．

法律家としてどれくらい有能であったかは，美辞麗句を並べた追悼文などの公式文書からは，はっきりしない．ただ，当時の政争に関連して，ラングドック地方の監察官からコルベールに宛てた秘密の報告書（1663年）の中にフェルマーに言及した個所のあることが発見されている：

> フェルマーは，大知識で，いたるところの学識者と交渉がある．しかし，彼はうわの空のところがある；十分事件を報告しないし，混乱している．彼は筆頭判事の仲間ではない．

筆頭判事というのはガスパル・ド・フューベのことで，コルベールの政敵なのだそうである．

§3. フェルマーの生涯

「フェルマーはんて, どえらい人なそうやけど, チットモそないに見えしまへんな」と噂する, トゥルーズの町の人達の声が聞こえてきそうな気がする.

30歳にもなってやっと学士号を取得したという事実から, どこかで数学に没頭して道草を食ったのではないかと思われるのだが, フェルマーがどこで数学の修業をしたかははっきりとは解っていない.

フェルマーが20代の後半, オルレアンに移る前のある時期, ボルドーで過ごしたことのあることが, ロベルヴァルやメルセンヌに宛てた手紙 (1636年および1637年) によって解っている. そしてボルドーはかのヴィエトの活躍し死を迎えた土地である. だから, 当地に少なからずいたヴィエトの弟子達とフェルマーは接触したのではなかろうか, というのがマホーニーの推測である.

当時, 学芸の主舞台はイタリアからフランスへと移りつつあったとはいえ, トゥルーズにいて高等数学に接することができるほどではなかった. しかもヴィエトは, 「代数学の父」と称賛される現在からは想像のつかないほど当時は名が知られていなかった. デカルトも, 『幾何学』を著した後でヴィエトを知った, といっているくらいである.

ボルドーにいてヴィエトの全集を刊行する仕事に従事していた弟子達の中にボーグランという人がいた. この人は1630年代前半フェルマーと親しく交際していたことが解っている. ボーグランはボルドーでやはり法律関係の職業についていて, 後にパリへ移住して1640年に没している.

大分評判の悪い人だったらしいが，フェルマーはいつもかばっていた．そして，ボーグランはフェルマーがパリの知識人達にその名を知られるようになる以前（1635 年）に，イタリアへ旅行した際，カヴァリエリにフェルマーの数学上の仕事を見せたという．これらのことを合わせ考えるに，ボーグランがフェルマーの若い頃の先生だという説は人に異和感を抱かせるということはないだろう．

誰に数学の手ほどきを受けたか，はたまた，まったくの独学であったか，は別にして，直接教えを乞うたのではないけれども，ヴィエトがフェルマーの真の師匠であることは明白である．

それは，外見的には，終生守った流行でないヴィエトの記号法からいえる．また，内容的には，パッポスやアポロニオスなどの失われた古典の復元に費した限りない時間もそれをしのばせる．さらには，デカルト達も知らなかったディオファントスの『算術』を早くから知っていたことはヴィエトの直接的な影響を暗示するだろう．また「欄外書込み集」にはディオファントス，ヴィエト，バシェの名前しか出てこないことも，フェルマーに与えた影響を知る上で決定的である．

次は 1636 年にロベルヴァルへ宛てた手紙である：

> 極大・極小法の事柄に関してデスパニェ氏があなたに渡したものをあなたは御覧になったのだから，私の書いたものを御覧になったことになります．というのは私が

§3. フェルマーの生涯

ボルドーにいた7年ばかり前,それを彼に送ったのです.その頃フィロン氏は,与えられた円に等しい錐面を持つ最大の円錐を見つけよ,という問題を述べたあなたの手紙を受け取っていて,それを私に送ってくれました.そして私はその解答をプラド氏にあなたへ送ってくれるようにと渡しました.あなたの記憶の底をさぐってくださるなら,その出来事,そして同時に,この問題がむずかしくてそれまで解けていないとおっしゃったことも思い出していただけるかもしれません.もしあなたの手紙(当時はとっておいたのですが)を書類の中から見つけたなら,お送り致します.([21], II, pp.71-72)

これによって,少なくも20代の後半には当代一流の数学者ロベルヴァルが難問とした問題を解く力を備えていたことと,極大・極小法をすでに開発していたことが知られる.

1620年代の後半フェルマーが主力をそそいでいたであろうもう一つの研究は,パッポスの『集成』中に言及されているアポロニオスの「平面軌跡論」の復元である.ヴィエトの解析術と代数を駆使してアポロニオスの軌跡論復元に熱中した結果が,後述のように,解析幾何学の創始に至るのである.

17世紀初頭の西欧にはイタリア,フランス,イギリスに数学の中心地があった.まだ論文を発表する雑誌はない時代であったから,発見された命題や手法は,書物として公刊されるのでなければ,サークルの間で回し読みされるう

フェルマー

ちに次第に世間に知られていったのである．

ミニム派修道士メルセンヌは「メルセンヌ数」という名前で現在でも知られているが，この人の果たした数学研究者間の取持ちという役割は，歴史的にはメルセンヌ数よりはるかに大きな意義を持っている（「メルセンヌ数」も実はフェルマーが言い出した数であり，メルセンヌ数という呼び名は本当は正しくない）．

メルセンヌのサークルは何度も名前の出たロベルヴァルやエチエンヌ・パスカル（ブレーズ・パスカルの父）を中心メンバーとし，イタリア，イギリスの数学者達とも成果を知らせあった．フェルマーのデカルトとの論戦もメルセンヌのサークルを通じて始まるのである．

トゥルーズ高等法院の同僚であったカルカヴィ（1600？-1684）は 1636 年パリへ栄転し，フェルマーのことを〈生き雑誌〉（walking journal）メルセンヌに話した．メルセンヌは大いに興味をそそられて，フェルマーに自分のサー

§3. フェルマーの生涯

クルに加わるよう招待状を送ったのである．以後フェルマーは全ヨーロッパに知られるようになるのだから，1636年は，彼に関心を持つ者にとって大切な年号である．（なお，カルカヴィはメルセンヌ神父なき後，その仲介役としての仕事を引きついだ．確率の問題についてのパスカルとフェルマーの往復書簡や，パスカルとデカルトの真空実験に関するやりとりも，カルカヴィを通じて行なわれた．デカルトはロベルヴァルと仲が悪く，パスカルとも仲がいいとはいえなかったので，メルセンヌ自身は別としてもそのグループとは直接の交渉を持っていなかった．）

1636年の4月26日，フェルマーはメルセンヌに答えて手紙を送る．メルセンヌの招待状にあった力学の問題の議論に加えて，アポロニオスの「平面軌跡論」を完全に復元できていること，数多くの幾何的な問題，数論の問題において解答を見出していることを宣言している．

以後たて続けにフェルマーが送り付ける問題はメルセンヌのグループにはとても手の出ない代物ばかりであった．彼らはその証明を知りたがった．しかしフェルマーは数論的な命題については一切証明を送らなかったし（もっとも数論の問題は大して人の注意を惹かなかった），軌跡の問題などについても，ケチで教えないわけではないが，とたびたび繰り返しつつも，ほとんど証明を送らなかった．当時の学者達は総じて秘密主義であったが，フェルマーの場合は度を過ごしてそういう傾向を持っていて，もう変人・奇人の類いなのである．

世の人から,ついに,フェルマーは暇に任せて試行錯誤で定理を見つけてくるのだろう,と噂されたりもした.するとフェルマーは考えの筋道を記した論文を断続的に送ってくるのであった.

まず,どれほど証明を教えてほしいと懇願されたかを示す例として,ロベルヴァルからの手紙(1637年)を訳してみよう:

　先週の月曜日,平面軌跡のあなたの証明を受け取りましたにもかかわらず,公私にわたる多忙のため木曜日まで調べてみる暇がありませんでした.この日,あなたにかわって,モントロン氏のうちで集まった数学者のグループにそれを見せました.そこでそれは受け取られ,精しく調べられ,驚きをもって称えられ,そしてあなたの名は天にまでも高められたのです.私達の仲間の名において,あなたに感謝すること,そして立体軌跡の完全な構成を簡単な証明をつけて送っていただくことを頼むよう命ぜられました.私達は,あなたの名を出しても,また出さずとも,お好みのままに,それら二つの論文を出版させていただきたいと存じます.この点に関しましては,出版するには簡単すぎるようなものであろうとも,それを補う労を厭うものではありません.……

　私に関していえば,次の三カ月は暇がございませんし,講義もございます.たとえ暇があったところで,立体軌跡を見つける確信がありません.それは大変むずかしい

ように予見されるのです。そういうわけで今、お望みでしたら、私の無能を完全に宣言いたしまして、これ以上私をじらさぬよう、また私があなたにお話ししましたような仲間の懇請にも考慮をいただきまして、私達にもあなたの発明を分け与えていただきたいものでございます。…… ([21], II, pp. 102-103)

フェルマーという人は単に証明を教えないに留まらず、生前、自分の名前を公けにすることを完全に拒否した匿名主義者であった（「どんなに私の仕事が出版に値すると判断されようと、私は自分の名前がそこに現われるのを望まない」としばしば返事をしている）。なぜそのように常軌を逸した秘密主義者であり、匿名主義者であったのかは、皆目見当がつかない。

ずっと後に（1651年）フェルマーの友人メドンは次のような手紙を書いている：

偉大なフェルマーからよろしくとのことです。この人の数学に関する知識は、生あるいかなる者にもまして偉大で、どんなことをしても洩らさせえないのです。女王中の女王、クリスチナ女王が、当代の全知識人の声に加えて、いつか命令を下し、国務院が声をかけるなら、彼も聞かぬわけにいかぬと思うのですが、もしあなたの努力が実れば、全ヨーロッパに大きな恩恵を施すことになりましょう。

フェルマーの想像を絶する秘密主義ぶりは,もうこれで十分すぎるほど解ってもらえるだろう.

こうした態度に対して好意を持つ人は少なく,かなり早くからいろいろといわれ,噂されもした.フレニクル,ブルラールといった人達に宛てた数論の問題にしても,解けない問題を出しているのではないかと疑われ,文通をやめると通告されたりしている.そうした折には答を送りはするが,証明はやはり送ろうとしないのだった.

ヨーロッパ中にフェルマーの名をとどろかせた,もっとも直截的な事件は,1637年から38年にまたがるデカルトとの論争である.きっかけはフェルマーが,デカルトが数学的原理から物理法則をすべて説明できるとしていることを批判したことから始まる.デカルトのほうでは最初フェルマーを見くびって(フェルマーの名を直接書くことすらせず,〈トゥルーズの判事さん〉とか〈それを書いた人〉といった言い方をしている)〈自分の『幾何学』を勉強すれば,きっと得るところ大であろう〉といった調子であった.しかし,フェルマーの「平面および立体の軌跡論序論」と「極大・極小を決定する方法と曲線の接線について」をメルセンヌを通して手にしたデカルトは,これらを自分の『幾何学』の剽窃だと疑い,またフェルマーは単なるあやつり人形で,後ろでロベルヴァルと E. パスカルが糸を引いていて自分の業績にケチをつけようとしていると感じ取ってからは,がぜん攻撃的になってくる.間に,デザルグを審判に引き入れるなど,本来の話題に関係ないから端折るが,

§3. フェルマーの生涯

いろいろおもしろいエピソードを交えて，結局は，双方の，主にデカルトのだが，誤解に基づくことが（デザルグの判定もあって）解って終りとなるのである．

フェルマーのほうは終始冷静であり，後々までもデカルトに敬意を払っているが，デカルトのほうは悪印象を抱いたままだったようである．全科学を数学によって征服せんとする雄大な意図をもって著した自著の革新性にケチをつけられたという気持が失せなかったのであろう．後年，スホーテンに語ったといわれる，有名なコメントがある：

M. Fermat est Gascon, moi non.
（フェルマー氏はガスコーニュ人だが，俺はちがう）

ガスコーニュ人といえば，ダルタニアンで解るように，大言壮語の人が多いそうな．したがってガスコーニュ人という言葉には，「ほらふき」の意味がある．実際は，デカルトに大いにその気があって，フェルマーはまったくそういう人ではないのに，デカルトがそういったというところが滑稽である．

1643年頃から公務多忙のゆえに，文通は少なくなっている．1648年にはトゥルーズ地方議会の勅選議員になって死に至るまで勤めあげた，ということである．

幾何学はデカルトと競合し，仮にデカルトより上を行っていたとしても，世間に与えた影響はデカルトのほうが大きい．それはフェルマーが成果を公刊しなかったのだから

パスカル

文句はいえない．

また，確率の基礎は B. パスカルとその功を分け合うことになる．しかしながら，数論は誰ともその功を分け合うことのない，フェルマーの独擅場である．

パスカルはフェルマーと賭の問題で文通し（1654年），二人の結論がお互いに正しいことを確認し合った後は，もうフェルマーには用はなかった．しかしフェルマーのほうはそうではない．数論の同好者を見出すのが彼の悲願だったからである．次はフェルマーからパスカルに宛てた手紙で，賭金の分配法について合意を述べた後，自分の数論上の発見を述べた部分である（[116] による）：

　　数について発見したもののうち考慮に値すると思われるもの全部の要約を，サンマルタンのあなたの許にお送り致したく存じております．簡潔に述べていることはお許し願います．半分申せば全部が分る方にだけ聞いて頂

§3. フェルマーの生涯

きたいのですから.

その中で最も重要と思われるものは，次の定理です：すべての自然数は以下の数で構成されている．すなわち，1, 2, あるいは3箇の三角数，もしくは1, 2, 3, あるいは4箇の四角数，もしくは1, 2, 3, 4, あるいは5箇の五角数，もしくは1, 2, 3, 4, 5, あるいは6箇の六角数，こうして限りなく行く.

この定理に達するには次のことを証明しなければなりません．すなわち4の倍数より1だけ大きいすべての素数，例えば5, 13, 17, 29, 37 等は二つの四角数でつくられている.

このような素数，例えば53を与えられたとき，それをつくっている二つの四角数を，一般的な規則によって求めよ.

3の倍数より1だけ大きいすべての素数，例えば7, 13, 19, 31, 37 等は，一つの四角数と，他の一つの四角数の3倍とでつくられている.

8の倍数より1あるいは3だけ大きいすべての素数，例えば11, 17, 19, 41, 43 等は，一つの四角数と，他の一つの四角数の2倍とでつくられている.

面積が四角数に等しいような三角数は存在しない.

つづいて他の多くの定理が述べられる筈です．これらはバシェも知らぬと申し，ディオファントスにも載っていないものです.

この種の定理を私がどのように証明するかをお知りに

なれば，なかなか巧みな証明と思われるでしょうし，またそれが数々の新しいものを発見なさる機縁になるものと確信いたします．御存知の通り，「人智ガ進ムタメニハ，多クノモノガ先人ヲコエテ行カ」（ラテン語のことわざ）なければなりませんからね．

時間があれば次には「魔法の数」のことをお話ししましょう．以前つくったものを思い出そうと思っております．敬具．

フェルマ

カルカヴィ氏の御健康を心からお祈り申しております．氏によろしくお伝え下さい．（『パスカル全集 I』（人文書院，1959，和田誠三郎訳）をもとに本書の趣旨にあわせ訳しなおした）

フェルマーが述べている命題を記号で書いてみよう：
(1) $m \geqq 3$ とする．

$$n + \frac{m-2}{2}(n^2 - n), \quad n = 1, 2, 3, \cdots$$

の形の自然数を **m 角数** という（102 ページ参照）．したがって，

三角数とは $\frac{n(n+1)}{2}$ の形で自然数であり，

四角数とは n^2 の形の自然数，つまり平方数である．

フェルマーは，

任意の自然数は高々 m 個の m 角数の和で表わせる

ことを主張している．$m=4$ の場合が有名なラグランジュの定理，すなわち，任意の自然数は高々四つの平方数の和であらわせる，という定理である．

(2) $4n+1$ の形の素数は a^2+b^2 の形に表わせる．また，その a,b を試行錯誤ではなく求める方法を示すこと．

(3) $3n+1$ の形の素数は a^2+3b^2 の形に表わせる．

(4) $8n+1$ あるいは $8n+3$ の形の素数はすべて a^2+2b^2 の形に表わせる．

(5) $x^2+y^2=z^2$，かつ $\frac{1}{2}xy$ が平方数となる x,y,z は存在しない．

仮にフェルマーが完全に厳密な証明を（現代の目で見て）得ていたのではないとしても，筋道だけはしっかり押さえていたことは，(2),(3),(4) が (1) のヒントになっていることから十分解ることである．

この年頃になるとフェルマーは，自分の論文の公刊を考え，編集者としてパスカルを選んだようであるが，パスカルのほうはもう数学に関心がなかった．

フェルマーのほうでは，パスカルの能力をもってすれば，自分の業績を完成し，編集の作業をもやってもらえるのではないかと考えた．下の手紙は再び出版を懇請するカルカヴィに宛てたものである（[21], II, p.299）:

パスカル氏と一致する意見を持てたことをうれしく思

っています.と申しますのも,あの人の天分には無限の尊敬を抱いておりますし,あの人は取りかかったらどんなことでも成功する能力があると信じているからであります.あの人の申し出てくださった友情は私にはとても貴重なものであり,またとても思いやり深いものでありますので,私の論文の出版にそれを少しばかり利用させていただいても苦情はなかろうと思う次第です.

　もしもあなたを驚かせるようでなければ,あなたがたお二人にその出版を請負っていただきたいのです.あなたがたの自由な形でお願いすることに同意いたします;あまりに簡潔にすぎると思われるものは何でも理解しやすくするなり補うなりしていただいてよろしいのです.そうやって,仕事のために私が担えない負担から解放していただきたいと存じます.

　パスカルのほうから何らかの申し出があって,その手紙が残っていないのか,それとも,出版を執拗に迫る友人に対して(パスカルにはどうせ断られることを見越して)結果的には出版しなくてすむようにしたのか,そのいずれであるかは解らない.後者の可能性も十分ある.〈職務多忙を言訳にしているが,彼にとっては朝飯前のはずだ〉ともらしている友人の手紙が残されているから,忙しいのが出版できない理由の全部だとはいえない.

　パスカルに数論に対する関心を持たせられなかったフェルマーは,ついに,1657年に至って,全世界の数学者,特

にウォリスを筆頭とするイギリスの数学者達に，1月と2月の二度にわたって，挑戦状を送ることになる．第二の挑戦は，現在ペル方程式と誤って呼ばれている不定方程式を解け，という問題であるが，これについてウォリス達は一定の成果を収め，フェルマーもそれを認めている．ただ，イギリスの数学者を数論に対して目覚めさせるという意図が成功したとはいいにくい．ウォリスは，『無限の算術』(1656) という著書から解るように，純然たる数論に主力を捧げている人ではなかった．フェルマーは『無限の算術』に不満を抱いたようだが，ウォリスに，パスカルの場合のように，数論に目覚めさせる夢と可能性を見たのである．しかしながら，不定方程式論に対して現在でも持たれている向きのある，区々たる問題の堆積，という見方，一般性のない計算の連続に辟易する，という感想，をウォリスも持ったようである．確かに，係数がちょっと違うだけで，取扱い方がまったく違ってくることの多い問題の羅列（たとえばディクソンの百科事典 [11] を開いてみよ）を見ていると，解析学などの一般性と応用性において豊潤な学問とは格が違う，というのも一理あることではある．ガウスの〈数論は数学の女王〉という言葉はガウスにとっては真実であろうが，あくせくと一つ一つ数論の問題を解いている人間にとっては，一種の自己弁護，隠れ蓑，として使われることが多いのも事実である．

ただ，長い経験の集積と，またフェルマーやガウスのような特異な天分とによって，壮麗な理論体系化という，一

種の昇華を見ることがあることは周知の通りである．こういう人達にとっては，確かに，〈数学は科学の女王であり，数論は数学の女王である〉と真情をもっていえるのであろう．

ウォリスはフェルマーの提した区々たる，しかも古色蒼然たる問題の背景に，壮麗にして深遠な一般性が横たわっているのを見過ごしたのであった．それはウォリスが一流の数学者でなかった，ということを意味するのではなく，数学に対する感覚が，フェルマーとは異質であったという事実を意味するのである．また，時代も数論が幾何学と比肩されるような時代ではなかった．

フェルマーの数論に対する見方を知ることのできる，大変重要な書簡だと思われるので，挑戦状に現われる問題の解説は後にして，フェルマーの第二の挑戦状の前文を紹介しよう：

　算術の問題を出す人はほとんどいない，またそれらを理解する人もほとんどいない．これは，現在まで算術が算術的によりはむしろ幾何学的に扱われて来たという事実によるのだろうか．それは実際，一般的にいって古代においても現代においてもその通りである；ディオファントスでさえその例にもれない．彼は彼の解析法を有理数の範囲に制限することによって，他の者達よりはいくぶん幾何学から解放されたが，それですら幾何学が完全に姿を消しているわけではない．そのことは，ディオフ

ァントスの方法を連続量，したがって幾何学にまで拡大した，ヴィエトの *Zetetica* によって十分に証明されていることである．

それだから算術をして，それ自身の固有の領域である整数の理論を回復せしめよ．算術の学徒をして，エウクレイデスによって『原論』においてかすかに触れられており，彼に従う者達によって（時という審判がわれわれから奪いとったディオファントスの諸巻においては，多分，含まれていたというのではない限り）十分に展開されたとはいい難いこの領域を発展させる努力をさせしめよ．

したがって算術の学徒に，たどるべき道を照らさんがために，次のような証明さるべき定理，または解かるべき問題を提示する．もしも彼らがそれを証明すること，または解くことに成功したなら，この種の問題が幾何学におけるさらに名高い問題に比して，美しさにおいても，むずかしさにおいても，また証明の方法においても劣るものではないことを認めるであろう．

このような前文に続いて，ペル方程式を解けという問題が述べられるのだが，その部分は後に回そう（フェルマーにとっても，イギリスの数学者達にとっても不幸なことに，また奇妙なことに，この前文が脱落して問題文のみ伝わるという不手際が起こったのである．したがって，有理数解を許すならば，問題はばかばかしく簡単なものとなってし

まい,後になってフェルマーは問題をむずかしく変えたのだと見なされるような始末であった).

この手紙からフェルマーの数論に対する思想が明瞭に読み取れる.他の分野と違って数論はフェルマーの独擅場であり,これほど明確に数論を規定し称揚した文章はとても他の人から期待できるものではないので,この手紙を「近代整数論の独立宣言」と呼ぶことにしよう(なお,「時という審判」云々は『算術』がもとは全13巻であったという事実に関連する.かなり早い時期に現存の6巻になってしまっていたらしい).

読めばそのわけは明らかだが,まず第一に,扱う対象を自然数に限定することによって,幾何学の桎梏から脱れることを提言していることである(有理数を扱うことが連続量を扱うことに到る道につながることによって,有理数をも拒否しているのであるが,このことから当時の代数学の持つ意味(幾何学との関連)が,逆にはっきりと解るのである.ウマル・ハイヤームのような考え方が17世紀のヨーロッパにおいても支配的であったこと,単に証明だけではなく方程式自身の意味までも幾何的に捉えられていたことが解るのである).第二に,数論のおもしろさを,美しさ,むずかしさ,証明の方法の独自性という三つの点から幾何学に対比させている的確さである.ただ一世紀後のオイラーまで,これを認識する人が出なかったことは,フェルマーのもっとも遺憾とするところであったろう.また,フェルマーに与えたエウクレイデスとディオファントスの影響と

その関係もはっきりするであろう．

一方，この時期，すなわち，1650年代の後半においても，フェルマーはまだ，パッポスの復元と，自分の開発した接線などの極限に関する手法の改良に取り組んでいた．それらの著作は，他人の著書の付録だとか，他人の名を借りるなどの形で世に出ていたというから，この人の匿名志向も強烈なものがある．

1660年には，パスカルに宛てた，二人とも病人なのだから二人を距てる中間点で会いたい，という内容の書簡があって，かなり健康を害していたことが知られる．

これに対するパスカルの返事は有名で，しばしば引用される．必要な部分を［116］から抜萃しよう：

　私はあなたをヨーロッパ第一の幾何学者と信じておりますが，私があなたにひきつけられておりますのはそんなことのためではありません．そうでなくて，あなたのお話の中には才智と誠実が充ち溢れているように思い，そのためにあなたに御交際をお願いしているのです．といいますのは，幾何学について腹蔵なく申せば，私はこれを精神の最高の訓練とは考えていますが，また同時に，それが本当に無益なものだということをよく承知しておりますので，単なる幾何学者にすぎない人と器用な職人との間に，殆ど相違を認めないのです．それ故私は，幾何学をこの世で最もすぐれた職業とは呼びますが，結局それは職業にすぎないのです．またしばしば申上げまし

たように,それはわれわれの力を試すのには適していますが,自分の力を傾倒するに足るものではないのです.だから私は,幾何学のためになら一足だって動きはしないだろうと思います.この気持にはきっと同感していただけると信じています.その上私の個人的な理由を申せば,今は,幾何学の精神とまるでかけはなれた研究に没頭していますので,もうそのような精神が存在することさえ思い出せないくらいです.今から,一,二年前にはこれに熱中していたこともありました.が,それも全く特殊な理由からでして,それが片づいた今からは,もう幾何学のことなど決して考えないという風なことになりそうです.(後略)

パスカルがいう幾何学とは数学の意味である.フェルマーがヨーロッパ第一の数学者であるというのは,ある程度認められた世評であって,必ずしもお世辞と考える必要はない.しかし,パスカルにしてもデカルトにしても数学を精神修養,推論鍛錬の道具と考え,専門的に数学を研究することにさほど意義を認めていない.これは,教養に富む紳士(honnête homme)という当時の人の描いた理想像を考慮すると十分理解できるのである.

フェルマーの手紙からこの年にかなり衰弱していたことが知られる.実は 1653 年に流行した疫病にフェルマーがかかり,死亡のうわさが流れた事件があった.それ以後フェルマーの健康は回復することがなかったのである.

この年 (1660年) の3月には長男のクレマン・サミュエルを後継ぎにし，遺言執行者に任命する．1665年の1月12日，しばしば行っていたカストルでフェルマーは永眠する．最初同地の教会に埋葬されていたが，1675年に，トゥールーズにあるフェルマー家の墓地に移された，ということである．

§4. フェルマーの数論上の業績

フェルマーの職を継いだ長男クレマン・サミュエル・ド・フェルマーは父の業績の散逸をおそれて，1670年，まずバシェ版『算術』を再版した．父ピエール・ド・フェルマーの書込みを付録としてつけたのである．これが「欄外書込み集」(Observationes) として有名なものである．

フェルマー以前に数論について研究をした人が皆無だったわけではない．ディオファントスの『算術』のラテン語訳を刊行したクシランダー，バシェはそれぞれの翻訳に註をつけている．これによって二人の研究成果が解るのである．フェルマーの業績もバシェ版の再版によって知られるのだから，近代整数論はディオファントスの脚註から出発したということができる．

特にバシェはもっと見直されねばならないであろう．『算術』のラテン語訳を刊行しただけならクシランダーの二番煎じに過ぎないが，1621年の『算術』はギリシャ語原典を収録しており，その点でも意義のある出版であった．またフェルマーはディオファントスの『算術』からヒントを得

て問題を発展させているが，それらの多くはバシェによる注を参考にしているのである．

一例をあげると，『算術』第4巻問題31は

$$X^2+Y^2+Z^2+W^2+(X+Y+Z+W)$$

が与えられた数 n になるように四数 X,Y,Z,W を求めよ．

という問題である．そして $n=12$ のときに

$$X = \frac{11}{10}, \quad Y = \frac{7}{10}, \quad Z = \frac{19}{10}, \quad W = \frac{13}{10}$$

を与えている．

バシェはこれに，325 までの自然数が実際に四数以内の平方和になることを確かめたこと，および，任意の自然数が四数以内の平方和として表わせることの証明が望まれる旨の注釈を加えている．

フェルマーはこの注釈にさらに注をしている（書込み第18）：

その上，私がその最初の発見者であるところの大変美しい，そしてまったく一般的な命題がある：

すべての数は三角数であるか，2個または3個の三角数の和である；

四角数であるか，2,3,4個の四角数の和である；

五角数であるか，2,3,4,5個の五角数の和である；

そして六角数か，七角数か，そしてまた何角数であるかが問題ではなく，無限にこのように続く；このすばらしい命題は角の数をもって一般に表現できる．

私はその証明をここに与えることはできない．それは数論の数多くのそして深遠な神秘にかかっているのである；私はこの主題に対して一巻を捧げ，算術のこの部分に，以前から知られている限界を越えて，驚くべき進歩を達成させるつもりである．

フェルマーが一般的命題を好んだことに注目したい．バシェやジラールの段階では数論の分野での証明術が未発達の段階にあって，帰納的な命題の案出に留まっていることがしばしばである．ただし，彼らもディオファントスのように解の一例を掲出するにとどめるという段階は越えている．また条件の必要十分性に対する配慮も見られるのである．

フェルマーは上のような書込みをバシェの死んだ 1638 年より以前には行なっていたと考えられるが，パスカルに宛てた例の書簡 (1654 年) の頃になっても，言っているような書物は，もちろん，書かれなかった．

この書込みの他にも，バシェの注釈にさらに注釈をつけたものがたくさんある．バシェこそは，ヴィエトと並んで，フェルマーのもう一人の先生なのであった．

いまがちょうど頃合いだから，「欄外書込み集」のうちのいくつかを訳してみよう（書込みの全訳は [98] 参照）：

第 3 〔第 2 巻問題 10, $x^2+y^2=a^2+b^2$ を解け, の注〕二つの 3 乗数の和である数を他の二つの 3 乗数の和に分けることはできるか？ これこそは確かにバシェにもヴィエトにも, おそらくはディオファントス自身にも解かれていない難問である；私はそれをさらに進めて, 第 4 巻問題 2 の注の中で解いておいた.

第 7 〔第 3 巻問題 22 のバシェの註に対して〕 $4n+1$ の形の素数は, ただ一通りに, 直角三角形の斜辺となる；その平方は二通り, 3 乗は三通り, 4 乗は四通り, そしてこのように続く.

同じ型の素数とその平方は, 二つの平方数の和としてただ一通りに表わせる；3 乗と 4 乗とは二通りに；5 乗と 6 乗とは三通りに, そしてこのように続く.

もしも二つの平方数の和である素数が二つの平方数の和である別の素数とかけ合わされるならば, 積は二通りの方法で二つの平方数の和となる；最初の素数に第二の素数の平方をかけ合わせるなら, 積は三通りの方法で二つの平方数の和となる；第二の素数の立方をかけ合わせるなら, 積は四通りの方法で二つの平方数の和となる, そしてこのように続く.

この後は, 〈与えられた数が幾通りの方法で, 直角三角形の斜辺となるか〉を決定するのは容易である.

その数の $4n+1$ の形の素因数をすべて取れ；たとえばそれが 5, 13, 17 であるとする.

§4. フェルマーの数論上の業績

もし与えられた数がその素因数の冪で割れるなら，単純な因数のかわりに，その冪を取ることが必要である；たとえば与えられた数が5の3乗，13の2乗，そして17で単に割れるとせよ．

すべての因数の指数を取る，すなわち：5に対しては立方の指数3；13に対しては平方の指数2；17に対しては1．

前記の指数を望む通りに並べる；たとえば，3, 2, 1．

第一と第二をかけ合わせて2倍し，それを第一と第二の和に加える；それは17になる．17に第三をかけ合わせて2倍する，そして，17と第三の和に加える；それは52になる．与えられた数は52通りの直角三角形の斜辺となるのである．

この方法は，因数の数がいくつであろうと，その冪が何であろうと同様に成り立つ．

$4n+1$ の形でない，他のすべての素数，およびその冪は，見つけるのが問題となっている個数を増やしも減じもしない．

〈望むだけの個数の斜辺となる数を見つけよ〉

七通りの異なる斜辺となる数を捜すとせよ．

与えられた数7を2倍する；14である．1を加えると15となる．15のすべての素因数を取る；3と5である．各々から1を引き，残りの半分を取る；1と2を得る．ここに得られた個数（いまの場合2個）と同数の素因数を選ぶ．そしてそれらにそれぞれ1と2の指数を与え，

結果をかけ合わせる；これらの素因数が $4n+1$ の形でありさえすれば，一方を他方の平方とかけ合わせて，与えられた問題の解となる数を得る．

これから望むだけの個数の直角三角形の斜辺となる最小の数を見つけることは容易である．

〈与えられた場合の数だけ，二つの平方数の和となる数を捜せ〉

10 が与えられているとせよ；2 倍した数 20 のすべての素因数を取る；2, 2, 5 である．これらの数の各々から 1 を引く；1, 1, 4 となる．次に $4n+1$ の形の三つの素数，たとえば 5, 13, 17 を取らねばならない；指数 4 のために，これらの数の一つの 4 乗を取り，残りの二数とかけ合わせる，そうして求める数を得る．

これに従えば，与えられた場合の数だけ，二つの平方数の和となる最小の数を捜すことは簡単である．

〈与えられた，二つの平方数の和である数が幾通りに，二つの平方数の和となるかを知る〉ためには次の方法がある．

数 325 が与えられているとせよ．その素因数のうち，$4n+1$ の形のものは；5 の平方と 13 である．その指数を並べる；2, 1．その和にその積を加えると 5 である；1 を加えて 6 となる；半分を取って 3 を得る．与えられた数は三通りの異なる方法で，二つの平方数の和として表わされる．

もしも三つの指数，たとえば，2, 2, 1 をもつならば，

次のように進む．初めの二つの積を作り，それらの和に加えて，8 となる．8 に第三の数の積を作り，それらの和に加えて，17 となる．最後に，それに 1 を加えて，18 となり，その半分が 9 である．与えられた数は異なる九種の方法によって二つの平方数の和となる．

半分にせねばならない最後の数が奇数であるならば，1 を引いて，残りの半分を取る．

次の問題がさらに与えられているとする：与えられた整数を加えると平方数になり，他方，与えられた数だけ直角三角形の斜辺となる整数を求めよ．

この問題はむずかしい．たとえば，二通りに斜辺となり，2 を加えると平方数になるとすれば，2023 はこれらの条件を満たす一つの数である．そして他にも 3362 などのように無数に存在する．

第 18〔第 4 巻問題 31〕〔これは本節の初めにすでに述べたものである：足立注〕．

第 33〔第 5 巻問題 32，$x^4+y^4+z^4=w^2$ の注〕 なぜ和が平方数となる二つの二重平方を捜さないのか？ それは，われわれの証明法によって明らかにされたように，その問題は不可能だからである．

第 45〔第 6 巻にバシェによって付けられた問題の第 20 番はく面積が，与えられた数に等しいような，直角三角形を捜

せ〉である．これにフェルマーが注を付けている〕　数でできた直角三角形の面積は平方数ではありえない．

　私が見つけたこの定理の証明を与えよう；それを私はつらくて困難な思索なくして発見したわけではない；この種の証明は数の科学にすばらしい進歩をもたらすであろう．

　もしも直角三角形の面積が平方数ならば，その差が平方数であるような二つの4乗数が存在することになる；その結果，和も差も平方数である二つの平方数が存在することになる．したがって，ある平方数ともう一つの平方数の2倍の和となる平方数があって，それを構成する二つの平方数の和が再び平方数となる．しかしながら，一つの平方数が平方数と平方数の2倍の和であるならば，その根も平方数と平方数の2倍の和であり，そのことは容易に証明できる．そこから，この根は直角三角形の直角をはさむ二辺の和で，構成する，一方の平方数は底辺，他方の平方数の2倍は高さである．

　この直角三角形はかくして二つの平方数から成り立ち，その平方数の和も差も平方数となる．しかしこれらの平方数はともに初めに和も差も平方数であると仮定した二つの平方数より小さい．かくして，和・差が平方数である二つの平方数を与えるならば，同様の性質をもつ二つの平方数であって，和がより小さなものを与えられることになる．

　同じ推論により，先に導かれたものより和の小さい別

のものを次に得，そしてこれを無限に続けて同じ条件を満たすだんだん小さくなる自然数をつねに得ることになる．しかしそれは不可能である．なぜならだんだん小さくなる自然数の無限列は存在しないからである．

余白が狭すぎて，完全な証明を書くことも敷衍することもできない．

上述と同じ議論によって，私は1でない任意の三角数は4乗数になりえないことを発見し，証明した．

第46〔ディオファントスの『多角数論』のバシェによる注に対して〕 ここに私が発見した大変美しく，すばらしい命題を，証明抜きで，書いておく：

1で始まる自然数列のなかで，任意の数にその次の数をかけると最初の数の三角数の2倍となる；かける数が次の数の三角数であれば最初の数の三角錐数の3倍となる；かける数が次の数の三角錐数であれば最初の数の超三角錐数（triangulotriangulum）の4倍となる；そしてこのように，一様で一般的な規則に従って無限に続く．

私は数に関するこれより美しいか，より一般的な定理はありえないと思う．この余白に証明を書くには時間も余白もない．

以上の書込みに対して解説を加えておこう．
第3は，与えられた a, b に対して
$$a^3 + b^3 = x^3 + y^3$$

を満足する x,y を求めよ,という問題である.

この問題はいつも私にラマヌジャン (1887-1920) を思い出させる.インドから天候の悪いイギリスへ来て二,三年,たちまち結核になってしまって療養所ぐらしをしているラマヌジャンをハーディが見舞いにやってくる.ハーディの乗って来たタクシーの番号は 1729 であった.「平凡な番号だね」とハーディが告げるのを聞いたラマヌジャンは眼を輝かせた.

「$1729 = 1^3 + 12^3 = 9^3 + 10^3$ で,1729 はこんなふうに二つの3乗数の和への分解が二通りもある最初の数です」

と言った.ハーディが,4乗数でもそんなのはあるかと聞くと,ラマヌジャンはかなり考えてから,「あっても大きすぎて解らない」と答えた,という話である.もっとも,鹿野健氏に伺ったところでは,ハーディはこのことを十分知った上で,ラマヌジャンを元気づけるために気が付かぬふりをしてみせたのだともいう.

1657年,ブランカー,ウォリスらに同じ問題を出すが,フレニクルは 1729 の他に
$$4104 = 9^3 + 15^3 = 2^3 + 16^3,$$
$$13832 = 18^3 + 20^3 = 2^3 + 24^3$$
などをあげている([21], III, p.420).

ウォリスは

$$27^3 + 30^3 = 3^3 + 36^3,$$
$$10^3 + 80^3 = 45^3 + 75^3,$$

$$1^3+8^3 = \left(4\frac{1}{2}\right)^3+\left(7\frac{1}{2}\right)^3,$$
$$5^3+40^3 = \left(22\frac{1}{2}\right)^3+\left(37\frac{1}{2}\right)^3,$$
$$8^3+64^3 = 36^3+60^3,$$
$$32^3+66^3 = 18^3+68^3,$$
$$\dots\dots\dots\dots\dots$$

という大量の数値を与え,「これで足りないなら,欲しいだけ供給しよう.一時間に100個を約束する,云々」と述べているが,フレニクルはこれらが知られた答に3乗数をかけたり割ったりして作られたものであることを指摘している.

この滑稽な話はディクソン [11] の II の 552 ページにも紹介されている.オイラーの解いた不定方程式
$$x^3+y^3+z^3 = w^3$$
の一般解を含めて参照されたい.これには
$$3^3+4^3+5^3 = 6^3$$
という驚嘆すべき解がある.

ラマヌジャンが解らないといった
$$a^4+b^4 = x^4+y^4$$
についても同じディクソン [11] の第 II 巻の 644 ページから 647 ページを見るとよい.最初に例を与えた人はこれもオイラーで,最も簡単なのは
$$158^4+59^4 = 133^4+134^4$$
である.オイラーは一例をあげたのではなく,パラメータ

の入った解を与えている.

第7はきわめて興味深く,むずかしい問題である.このように言葉だけで,こんな問題を考える困難に思いをめぐらすとき,フェルマーの想像を絶する天才ぶりに圧倒され,これでも同じ人間だろうかとさえ思わされるのである($4n+1$ 型という書き方は仏訳にあるだけで,フェルマー自身の書込みにはない).

$4n+1$ 型の素数は二つの平方数の和である,という定理はのちにオイラーによって証明されたが,フェルマー自身,その証明についてカルカヴィに語っている(1659; [21], II, p. 432):

　私の方法を肯定的な問題に適用するのにはずいぶん時間がかかりました,というのはそれに達するのは否定的な定理に適用するのよりはるかにむずかしいからです.それですから,4の倍数より1だけ大きい数が二つの平方数からなることを証明せねばならぬときは,大層苦しみました.しかしながら,何度も瞑想を繰り返したすえ,ついに,欠けていた光明があらわれ,肯定的な問題が私の方法に屈したのです.その折,真の必要性から余儀なく編み出したいくつかの新しい原理も助けとなりました.この問題の場合,私の議論は次のような経過をたどります:もしも任意に選ばれた4の倍数より1だけ大きい数が二つの平方数から成り立っているのではないとすると,

同じ性質を持ち,しかもより小さいもう一つの素数が存在することになる,そしてさらに小さい第三の素数が存在することになる,というふうに限りなく降下して,ついには,問題となっている種類のすべての数の中で最小である数5に到達する.上の議論はこれが二つの平方数から成り立つことはないことを要求するが,実際は二つの平方数から成り立つのです.これから,背理法によって,この性質をもつすべての数は,結果として,二つの平方数から成り立つのだと推論せざるをえません.

フェルマーがいつも〈私の方法〉と呼んでいるのは,この〈**無限降下法**〉(la descente infinie または indéfinie) である.この論法は明らかに数学的帰納法の一型であり,フェルマーは自分がこれを発見したと明言している.したがってフェルマーは,後に述べるように,パスカルとともに数学的帰納法の創始者ということになる.

次に第 45 の書込みだが,これはフェルマーが証明の大筋を書き残したただ一つの命題としてよく知られている.その証明をディクソン [11], II, pp. 615-616 に従って現代記号でたどってみよう:

現われる文字はすべて自然数を表わすとする.また □ は平方数を意味する.たとえば $a^4 - b^4 = \square$ は $a^4 - b^4$ が平方数であることを意味するのである.

直角三角形の三辺を x, y, z とする.仮定により x, y, z は

自然数であるが，これらは互いに素であると仮定してもさしつかえない．定理 1.1 によって

$$x = m^2 - n^2, \quad y = 2mn, \quad z = m^2 + n^2$$

（m, n は互いに素で，その一方は偶数，他方は奇数）の形に表わせる．三角形の面積は $\frac{1}{2}xy$ だから，仮定によって

$$\frac{1}{2}xy = mn(m^2 - n^2) = \Box$$

$m, n, m^2 - n^2$ は互いに素だから，$m = a^2, n = b^2, m^2 - n^2 = \Box$ である．これより

$$a^4 - b^4 = \Box$$
$$\therefore \quad (a^2 + b^2)(a^2 - b^2) = \Box$$

$a^2 + b^2$ と $a^2 - b^2$ は互いに素である．それは a, b が互いに素で，一方だけが偶数だからである．ゆえに

$$a^2 + b^2 = \xi^2, \quad a^2 - b^2 = \eta^2$$

と表わせる．したがって

$$\eta^2 + 2b^2 = \xi^2, \quad \eta^2 + b^2 = a^2$$

前者から $(\xi + \eta)(\xi - \eta) = 2b^2$ を得るが，ξ, η ともに奇数であるので，$\xi + \eta = 2e, \xi - \eta = 2f$ と表わせる．e, f が互いに素なることは明らかである．したがって $2ef = b^2$ から，e, f のどちらかは奇数だから，仮に e が奇数とすれば，$e = r^2, 2f = 4s^2$ と表わせる．

$$2\xi = 2e + 2f = 2r^2 + 4s^2 \quad \therefore \quad \xi = r^2 + 2s^2$$
$$(r^2)^2 + (2s^2)^2 = e^2 + f^2 = \frac{1}{2}(\xi^2 + \eta^2) = a^2$$

したがって，$r^2, 2s^2$ は直角三角形の直角をはさむ二辺である．

したがって面積は $(rs)^2$ であって，平方数である．そこで最初の議論をくり返せば，$(a, b$ のかわりに$)$ a_1, b_1 なる二数があって

$$a_1{}^2 + b_1{}^2 = \square, \quad a_1{}^2 - b_1{}^2 = \square$$

となり，$m_1 = a_1{}^2, n_1 = b_1{}^2$ とすれば，この直角三角形の三辺は $m_1{}^2 - n_1{}^2, 2m_1 n_1, m_1{}^2 + n_1{}^2$ である．ゆえに

$$r^2 = m_1{}^2 - n_1{}^2, \quad s^2 = m_1 n_1$$

だから $a_1 < a$, $b_1 < b$ である．無限降下法によって矛盾が導かれ，証明が完結する．

フェルマーは余白が狭すぎるといっているが，現代の記号法によれば，上述のごとく完璧に証明しつくすことができる．また，ディクソンによるこのような解釈がすでに与えられているのでなければ，独自にフェルマーの証明を読み取るのはかなり大変であることは読者自ら試みてみられれば直ちに了解されるであろう．

なお，この証明によれば，

$$x^4 - y^4 = z^2$$

に自然数解がないことも証明されているので，フェルマーが $n=4$ の場合の大定理の厳密な証明を持っていたことも立証されたことになる．

最後の第 46 の解説として，これまで数回登場した多角数というものを定義することにしよう．

図のように正三角形の辺上に次々と 1 個，2 個，3 個，……の点をならべていくとき，n 番目の正三角形内に含ま

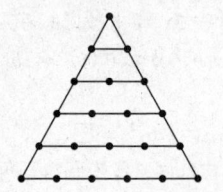

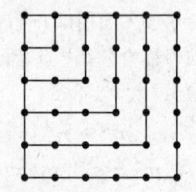

れる点の個数が $\frac{1}{2}n(n+1)$ であることから，こういう形の数を古来**三角数**と呼びならわしてきたのである．

四角数についても同様で，n^2 の形の数を**四角数**または**平方数**という．

一般に，初項 1，公差 $m-2$ の等差数列の第 n 項までの和

$$\frac{1}{2}n\{2+(m-2)(n-1)\}$$

であるような数を **m 角数**と呼ぶ．

さらに，正 m 角形を底面として角錐状に球を積み上げたときの球の個数を **m 角錐数**と呼ぶ．m 角錐数とは

$$\frac{1}{2}n(n+1)+\frac{1}{6}(m-2)(n-1)n(n+1)$$

なる形の数である．

ディオファントスには多角数に関する著作があって，『算術』の付録としてどの本ででも見ることができる．ディオファントスの証明は幾何学的で大変わずらわしい．

バシェ版にもディオファントスの『多角数論』はもちろん載っていて，バシェのコメントがある．ディクソン [11]，

I,第 1 章によると,そこには

$$1^3+2^3+\cdots\cdots+n^3 = \left[\frac{n(n+1)}{2}\right]^2$$

といった公式がいくつも書かれているということである.

一般に

$$f_n{}^r = \binom{r+n-1}{n} = \frac{(r+n-1)!}{(r-1)!\,n!}$$

でもって位数 n の第 r 図形数 $f_n{}^r$ というものを定義するなら,$f_2{}^r$ は三角数であり,$f_3{}^r$ は三角錐数,$f_4{}^r$ はフェルマーのいう triangulotriangulum となる.46 番目の書込みは

$$rf_n{}^{r+1} = (n+1)f_{n+1}{}^r$$

という定理を述べている.

記号法のない,パスカルの『数の三角形論』が大論文と見なされるような時代では大変な定理なのかもしれないが,いま見れば定理のうちに入らぬような命題である.

フェルマーといえども,このような時代的制約(記号上の制約,および図形的意味にとらわれる制約)の下にあったことを十分承知しておく必要があろう.

節を改めて,フェルマーが全世界の数学者に宛てた二つの挑戦状を取り上げて,数論上の業績紹介のしめくくりとしよう.

§5. 二つの挑戦状

1657 年 1 月,フェルマーは世界の数学者に宛てて,数論

の問題を公表し,解いてみよと挑戦する.次のものは,イギリスの数学者に宛てられた書状の翻訳である:

　お許し願って,次のような数の問題をウォリスその他のイギリスの数学者方に提示致します:
　1. 立方数であって,そのすべての約数の和に加えられると平方数になるものを捜せ.
　2. たとえば,343 は 7 の 3 乗である.その約数は,1,7,49 である;その和に 343 を加えると 400 になり,これは 20 の平方である.同じ性質をもつ立方数をもう一つ捜せ.
　3. 平方数であって,そのすべての約数の和に加えられると立方数になるものを捜せ.
　解答をお待ちしております,もしイギリス人,ベルギー人,ケルト人が解けないなら,ナルボンヌ人が解いてディグビイ卿に贈り,新たなる友情の証拠として捧げるでありましょう.

ウォリスはフェルマーの挑戦に対して次のような反応をしている(ブランカー子爵宛の手紙):

　この問題は〈完全〉だの,〈不足〉だの,〈過剰〉だのというお定まりの問題とまったく軌を一にするものです;これらの問題は,そして同様な他の問題も,すべての場合を包括する一般の方程式には決して還元できません.

§5. 二つの挑戦状

問題の焦点が何であろうと, 私にはせねばならぬ仕事がたくさんあって, すぐにこの方面に関心を向けるというわけにはまいりません. しかしながら, いまのところ次の答をすることができます:

　1自身が両方の問題の解である.

これに対しフレニクルは, ひとかどの学者が, (一度ならず三度までも) 1が答だといってすませる神経には驚く, といった内容の手紙を残している.

『無限の算術』の著者ウォリスも, フェルマーとのやりとりに関する限り, 終始ピエロの役割を演じたのであった.

ブランカー子爵は $1/n^6$ と $343/n^6$ が答 (!) だと書き送っている. $1/n^6$ の約数って何だろう?

フレニクルは当時の高名な数論愛好者であって, 1640年代にはフェルマーとも文通があった.

x が素数であるときは, 第一の問題は
$$1+x+x^2+x^3 = y^2$$
の自然数解を求めることに帰するが, これには x が素数という条件を除いても, $x=1$, $y=2$ および $x=7$, $y=20$ 以外には解がない ([14], 38ページの問題の解答参照).

素数でない場合には問題1には無数に解が存在することが知られている. 最小の解は $2\cdot 3\cdot 5\cdot 13\cdot 41\cdot 47$ の3乗であり, その約数和は $2^7\cdot 3^2\cdot 5^2\cdot 7\cdot 13\cdot 17\cdot 29$ の平方になる. これはフレニクルによって試行錯誤的に見出された.

第二の問題にも解がある.これらの問題についてはディクソン [11], I, pp. 54-58 に詳しい.

フェルマーは2月に入って第二の挑戦状を送る.その前置きの部分はすでに訳した通りである(第2章§3)から,問題の部分を訳すことにしよう:

　平方数ではない任意の数が与えられたとすると,次のような平方数が無数に存在する,すなわち,その平方数が与えられた数とかけ合わされ,1を加えられると,結果が平方数となる.

　例　3を取る.これは平方数ではない.これを与えられた数とせよ;3に平方数1をかけて,その積に1を加えると,結果は4であり,これは平方数である.

　同じ3に平方数16をかけて1を加えると49で,これは平方数である.

　そして1と16の他にも無数の平方数があって同じ性質を持つ.

　しかしながら私は任意の平方数でない数が与えられたときの一般的解法を問うているのである.

　たとえばある平方数と 149, 109, 433 etc. との積に1を加えたとき,その結果が平方数となるようなそういう平方数を見出すことが要求されているのである.

問題を現代式に表現してみよう:A を与えられた平方数でない自然数として,

$$x^2 - Ay^2 = 1 \tag{2.2}$$

の自然数解 x, y を (すべて) 求めよ.

(2.2) はオイラーにより誤って**ペル方程式**と呼ばれて以来そう呼ぶ習慣になっているが, 本来ペルは何の関係もない.

ペル方程式 (2.2) を初めて考えたのも, 一般の解法を見つけたのも, フェルマーではない. ただフェルマーは埋もれていたこの問題を発掘し, そして A が何であろうと解が存在することを言明した最初の人である. ペル方程式を最初に解いたのはインド人で, それも 7 世紀の頃であったことを記しておくのみにして, 詳細はヒース [37], pp. 277-292, ディクソン [11], II, pp. 341-400 を参照していただくことにしよう.

前に述べたように, 前置きが脱落してイギリスの数学者にこの〈第 2 の挑戦状〉が伝わったためもあって, ブランカーとウォリスは

$$x = \frac{2mn}{An^2 - m^2}, \ y = \frac{An^2 + m^2}{An^2 - m^2}, \ m, n \text{ は整数}$$

という有理数解を送った. フェルマーもたいしたことないわい, と彼らは思ったことであろう (上の解は $y = 1 + \frac{m}{n}x$ とおけばただちに得られる).

当時すでに有理数という概念が完全に普及していて, 自然数だけに限定するほうがむしろ不自然だったのである.

英語で書かれた返答を受け取ったフェルマーはイギリス人留学生に翻訳してもらって愕然とした.〈翻訳がいくらたどたどしいからといっても, どこにも解答らしきものは見

当たらない〉とフェルマーはディグビイに書き送るのであった．

その後，ブランカーとウォリスは往復書簡を重ねて，ついに正しい解答に到達する．それは本質的には現今知られている連分数による解法と同一のものであった．

フェルマーはブランカーとウォリスの成功に讃辞を送り，問題が研究に値したことを認めさせようと考えた（[21]，III，p.314，ディグビイへの手紙）．

しかしながら，この方法でつねに解に達せられることの証明が欠けていることを後になって述べている．フェルマー自身は例の降下法によってその証明をしたといっているが，それがどんな内容なのかは，いまとなっては解らない．現在知られているのはラグランジュによる証明である．

なお，フェルマーはフレニクルにも同じ問題を同じ頃送っているが，それには，〈もし一般的解法が解らないなら〉，$A=61$ および 109 という〈小さな〉値の場合に解を見つけるだけでもよいと述べている．〈あなたにひどく苦労をさせないために〉数値を小さくしたなどと書いているが，実際は，

$A = 61$　　のとき　　$y = 226153980$

$A = 109$　　のとき　　$y = 15140424455100$

が最小の解であって，その他の A の場合に比べれば飛躍的にむずかしい問題なのである．当時の風潮もあるのだろうが，それにしても実に意地悪であることに変わりはない．

挑戦状にある 149,433 の場合も大きな数になる．これら

の事実はフェルマーが一般的解法を持っていたことを証明している.

§6. フェルマーのその他の業績

サミュエル・ド・フェルマーは 1679 年に *Varia Opera Mathematica d. Petri de Fermat* ([22]) という不完全ながらも著作集を刊行した. この中には, 生前ロベルヴァル, メルセンヌ, カルカヴィなどの友人に宛てた論文が 10 編(前編と後編に分かれたアポロニオスの「平面軌跡論」を 2 編と数えれば 11 編)と, 往復書簡(主に, ロベルヴァル, メルセンヌ, フレニクル, カルカヴィ, ディグビイ, パスカルと交わしたもの)が収められている(1968 年に復刻本が出た).

1891 年から 1922 年にかけてタヌリ達による, 4 巻本の全集([21])が刊行された. これはもう稀覯本の類に属する. ラテン語の原文にはフランス語訳がついていて便利である.

Varia Opera の最初の論文は「平面および立体軌跡序論」であるが, これと全集本のそれとを見較べると, 記号に違いのあることに気づく. *Varia Opera* のほうはデカルト流の記号法であるが, 全集のほうはヴィエト流である. これは読みやすくするために, 改変が加えられたもので, 全集を編纂する折, 復元されたのだということである. 他の論文にはそれほど記号はないが, 同様である.

極大・極小論, 接線その他について触れる余裕はないが,

この「序論」については解析幾何の萌芽がみられるということで有名なので、中村［114］の訳によってその導入部分を知ることにしよう：

　古代の数学者が軌跡について論著をあらわしたことは、確かなことである。これは、パッポスの『数学論集』第7巻のはじめの部分で、アポロニオスが平面軌跡について、またアリスタエオスが立体軌跡について論著を書いたことを述べていることによっても知ることができる。しかし、軌跡を論じることは、この人々にとって、決して容易なものではなかったにちがいない。それは、軌跡はその数が多いにかかわらず、それが必ずしもじゅうぶん一般的には表現されておらず、またそれをさらに一般化することができなかったという事実によってもこれを知ることができる。そこで、われわれは、この理論を一つの解析論に下属させようと思うのである。この解析論というのは、とくに軌跡の研究に対して一般的な見通しを与えるのに適したものである。

　最終の段階の方程式に未知量が二つ含まれている場合には、そのうちの一つの量（線分）の端点が直線あるいは曲線を描き、かくして軌跡が得られる。直線はただ1種類でかつ単純である。曲線の種類は無数にあり、円、放物線、双曲線、楕円などがある。

　未知量の端点が直線または円を描くとき、この軌跡を「平面的」といい、放物線、双曲線、楕円を描くとき「立

体的」という．その他の曲線を描くとき，これを「曲線的」という．そしてこの最後の場合に，われわれは何も付加するものはない．なぜならば，曲線的な軌跡は，きわめて容易に，平面および立体的の軌跡に帰着させることができるからである．

方程式を立てるために，二つの未知量を定まった角をなすように取るのが便利である．そして普通には，角としては直角をとり，かつその位置が与えられたものとし，また二つの未知量のうちの一方についてはその端点の1つは定点であるとする．二つの未知量のいずれもが平方を越えないときは，後で明らかにされるように，軌跡は平面的または立体的となる．

NZM を位置の与えられた直線とし，N をその上の定点とする．NZ を未知量 A に等しくとり，NZI を与えられた角にとり，線分 ZI をひき，これを他方の未知量 E に等しくとる．

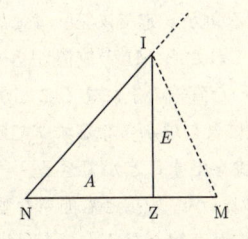

$$D \text{ in } A \text{ aequetur } B \text{ in } E \quad (dx = by)$$

とすれば，I は位置の定まった直線となるであろう．

実際，

　　ut B ad D, ita A ad E 　$(b:d=x:y)$

であるから，A の E に対する比は一定である．したがって，三角形 NIZ は形が定まっており，角 INZ も定まる．N は定点，NZ は位置の定まった直線であるから，NI は位置が定まった直線となる．そして総合も容易にできる．

既知量および未知量について 1 次であるか，あるいは未知量に既知量を掛けた項からなるすべての方程式はこれに帰着させることができる．

　　Z pl. $-D$ in A aequetur B in E 　$(z^2-dx=by)$

において，

　　D in R aequale Z pl. 　$(dr=z^2)$

とすれば，

　ut B ad D, ita $R-A$ ad E 　$(b:d=(r-x):y)$

MN を R に等しくとれば，点 M は定まり，かつ MZ は $R-A$ に等しくなる．したがって，MZ 対 ZI の比および Z における角が一定である．よって三角形 IZM の形が定まり，これから MI の位置がきまる．これから I が位置の定まった直線の上にあることがわかる．A あるいは E を単純に含む項からなるすべての方程式についても，同様な結論を出すことができる．

これは最初の，かつもっとも簡単な軌跡の方程式であり，これは軌跡が直線となるものを見出すのに役立つものである．……

第 2 類の方程式は

  A in E aeq. Z pl. $(xy = z^2)$

であるが，このとき点 I は双曲線を描く．

NR を ZI に平行にひき，NZ 上に任意の点 M をとり，MO を ZI に平行にひく．そして長方形 NMO を Z pl. に等しくする．点 O を通り，漸近線 NR，NM の間に双曲線を描けば，これは位置が与えられたものであり，長方形 A in E すなわち NZI が長方形 NMO に等しいとするとき，この曲線は点 I を通る．

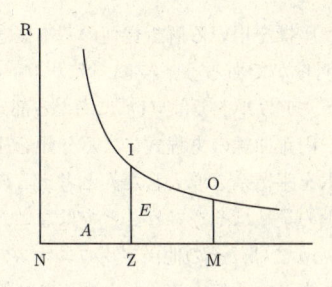

既知量の項，A の項，E の項および A in E の項からなるすべての方程式

  D pl. $+ A$ in E aeq. R in $A + S$ in E

        $(d^2 + xy = rx + sy)$

は上の方程式に帰着させることができる．……

フェルマーの独創になる点を列記すると，

(I)　二つの未知量に対して一定角（一般には直角）をなす直線を割り当てたこと，

　(II)　軌跡に方程式を対応させたこと，

　(III)　座標の変換（平行移動，回転）により簡単な式へ還元させたこと

である．(I) は座標軸の概念を明白に述べている．(II) は方程式による円錐曲線の分類に至る．実際，(III) を用いて，円錐曲線の標準形（円 $b^2-x^2=y^2$；放物線 $x^2=dy$；楕円 $b^2-x^2=ky^2$；双曲線 $x^2+b^2=ky^2$）を導いているのである．

　これらが，座標を用いる解析幾何の基本概念そのものであることは明らかであろう．後に，デカルトの『幾何学』を引用するが，デカルトでは (I) にあたる部分があまり明確ではない．円錐曲線の方程式による分類を述べてもいない．デカルトを座標系を導入した人と考えるのは俗説である．デカルトの業績はそういうことではない．

　Varia Opera には，その他，アポロニオスの「平面軌跡論」の復元 2 巻とか，極大極小論と曲線の接線決定法などが含まれている．アポロニオスの「平面軌跡論」は「序論」の前に書かれたということで，純粋幾何学的な取扱いがなされている．

　フェルマーの接線決定法は現在見れば完全に厳密とはいえないが，当時なら十分通用したと思われる極限の手法を用いている．つまり，仮に $y=x^2$ の $x=x_0$ における接線を求めるとすると，相似関係から

デカルト

$$\frac{(x_0+h)^2 - x_0{}^2}{h}$$

の形を導き，$2x_0+h$ と計算する．そこで増加量 h を 0 とおくのである．いまなら $h \to 0$ とする部分が違うだけで，結局同じことである．

フェルマーの論文には，接線の他，求積，曲線の長さ，重心など無限小解析に関するたくさんの題材が含まれている．解析幾何の場合にもいえることだが，論文が 1679 年になって公刊され，そのときには時代遅れになっていた嫌いがある．後世に大きな影響を与えたとは，残念ながら，いえないのである．

§7. デカルト

哲学書というのは唐人の寝言を並べたようなもの，と見つけている人が多い．私ももちろんその一人である．しかし，すべての法則に例外があるように，哲学書にも思いが

けず読みやすいものがある．その代表がデカルトの著作である．『方法序説』など，一日で読み通せて，なるほど，といい気分にさせられる．

一つには，デカルトが分裂症型の天才ではない，というのがその理由として考えられる．

もう一つには，デカルトが，一種の科学主義的合理主義者だということがあげられる．余人に窺い知れない，癲癇症的回心を基にしてしゃべられると，どうもよく解らん，ということになるのだが，デカルトには，一切そういうところがない．ただ〈考える〉のである．

最後に，われわれ現代人がデカルトの系列で生きている，というのが，デカルトを読みやすいと感じる最大の理由なのであろう．それくらいデカルトの後世に与えた影響は大きいのである．考察の結果が，いまでも正しいというのではなく，思考方法という点においてである．

数学においても同じことがいえて，『方法序説』の付録たる三試論の一つ『幾何学』は 1637 年に刊行された数学書とはとても思えない．スラスラと読めるのである（もっともこちらのほうは，大学で四年ばかり数学を専攻していることが前提になるが）．

第一に記号が，= のかわりに ∞ で，−（マイナス）が －－ であることを除けば，現行のものとまったく同じなのである（『幾何学』の初版を [10] で見ることができる）．本当は，現行の記号法がデカルトの記号法と同じだ，というべきなのだが．

第二に，問題の捉え方が，現代の代数学と同じである．これも，われわれがデカルトに倣っているのである．

　別の言い方をすれば，あまり解りやすくて得るところが少ないとすらいえるくらいである．

　フェルマーの同時代人としてデカルトを取り上げるのは，その数学に対する見方を当時の一つの代表と考えるためと，デカルトの記号法，思考法を17世紀の代表と考えるからである．

　先ほど述べたように『方法序説』は誰にでも読めるので是非ご一読いただくことにして，簡単に数学に関係する部分だけを解説することにしよう．訳は，『幾何学』，『精神指導の規則』その他，すべて『デカルト著作集』（[111]）を借用することにする．

　デカルトが数学，とくに幾何学から得たものはきわめて大きい．

　(I)　いちばん単純で，いちばん認識しやすいものを一種の公理とする，

　(II)　どんなにむずかしい，遠いものでも，単純なやさしい推論を重ねていけば必ずたどりつくことができる，

　(III)　証明できないものは一切信用しない，

という考え方が明瞭に述べられている．もっとも，数学を残らず学ぼうというのではなく，〈真理を摂取し，まちがった論拠では少しも満足しない習慣をそうしたものが精神に付けてくれること以外には，何の効用も期待していない〉というのが数学に対するデカルトの姿勢であった．

数学から得た，上のような「方法」を，実際に数学に使ってみるばかりでなく，数学以外の分野にも適用して，数学の問題と似たものにした．その結果が，三つの試論『屈折光学』，『気象学』，『幾何学』というわけである．『宇宙論』もほぼ同じ頃，同じ趣旨で書かれて，メルセンヌへ贈り物とする予定だったが，ガリレオが地動説のために罪に問われたことを聞いて取りやめたのである．〈地動説がまちがいなら，私の哲学の土台も全部まちがいになってしまう〉とメルセンヌ宛の手紙で述べている（メルセンヌはデカルトとも仲が良く，宗教的問題については教会に対してデカルトを弁護していたという）．

　デカルトにおける数学の影響は (I), (II), (III) という信念の他に，もう一つあげることができる．それは，数学的手法を他にも適用するという，上で述べた思考方法ほどには意識的ではなかったかもしれないが，もっと強烈である．簡単にいえば，**全学問の数学化**という壮大なプログラムに従って，デカルトは思索を続け，一生を過ごしたのである．

　〈デカルトの宇宙は実在化した幾何学なのだ〉
　　　　　　　　　　　　　（アレクサンドル・コイレ）

　デカルトは幾何学と代数学における原理以外は物理学に原理を認めようとしない．自然の全現象はそれらで説明され，証明を与えられる，と明言している（フェルマーは『屈折光学』のその点にケチをつけたのであった）．

〈我に外延 (extension) と運動を与えよ，しからば宇宙を創造してみせよう〉という言葉と〈我思う，故に我あり〉という言葉がデカルトの哲学を一番よく表わしているだろう．結局のところ，宇宙空間中を運動する数学的機械の世界と，考える精神の世界によってデカルトの全世界は構成されていると考えられるのである．

物体は曲線を描いて運動する，とデカルトは『宇宙論』で述べているので，曲線が彼の『幾何学』で重要な位置を占めるのは当然のことであった．

『方法序説』の中で，古代人の幾何学は〈いつも図形の考察にしばられているので，理解力をはたらかせようと思うと想像力をたいへん疲れさせずにはおかないほど〉だし，近代の代数学は〈ある種の規則とある種の数字〔文字による記号計算をさす：足立注〕に従わなければならなかったので，精神をつちかう学問であるかわりに，精神のはたらきを妨げる，あいまいでわかりにくい技術になってしまった〉，と述べ，その両方のよい部分を借りあげ，〈一方の欠陥をどれもみなもう一方によって正そうと考え〉た，と結んでいる．

量を線分として考えることによって代数のあいまいさを除き，記憶に留めたり，いくつもいっしょに取りあげるためには簡潔ないくつかの記号を用いることによって，幾何学の図形考察のわずらわしさを除く，という思想が，デカルトの業績をよく表わしている．幾何学を代数化した，という言葉で表現されるデカルトの仕事の評価は一面的で，

実際は，幾何学による代数の厳密化というもう一面も述べなくてはならない．現代では，幾何学に頼らなくても厳密に展開できるのであるが，歴史的には大切なことである．

なおヴィエトも同じ仕事をしたことは第2章のはじめに述べたが，デカルトは当時ヴィエトを知らなかったといっている．知っていたかどうかは別にして，デカルトのほうが，記号法からも同一次元の要請の問題の面からも一段と進んでいることは，以下に見る通り明らかである．

『幾何学』の冒頭部分を引用しよう（[111] より）：

　　　円と直線だけを用いて作図しうる問題について

　幾何学のすべての問題は，いくつかの直線の長ささえ知れば作図しうるような諸項へと，容易に分解することができる．

　　[算術の計算は幾何学の操作にどのように関係するか]

　そして，全算術がただ4種か5種の演算，すなわち，加法，減法，乗法，除法，そして一種の除法と見なしうる冪根の抽出によって作られているのと同様に，幾何学においても，求める線が知られるようにするためには，それに他の線を加えるか，それから他の線を除くか，あるいは或る線があり——これを数にいっそうよく関係づけるために私は単位と呼ぶが，普通は任意にとることのできるものである——さらに他のふたつの線があるとき，この2線の一方に対して，他方が単位に対する比をもつ第4の線を見いだすか——これは乗法と同じである——

または，2線の一方に対して単位が他方に対する比を持つ第4の線を見いだすか——これは除法と同じである——あるいは最後に，単位と或る線との間に，1個，2個，またはそれ以上の比例中項を見いだすか——これは平方根，立方根などを出すのと同じである——すればよい．私は意のあるところをよりわかりやすくするため，このような算術の用語をあえて幾何学に導入しようとするのである．

[乗法]

たとえば，AB [第1図] を単位とし，BD に BC を掛けねばならぬとすれば，点 A と C を結び，CA に平行に DE をひけばよい．BE はこの乗法の積である．

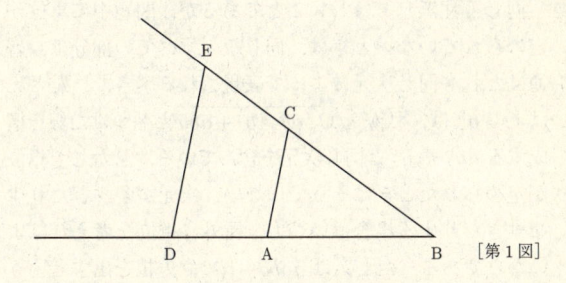

[第1図]

〔続いて除法，平方根の抽出法が述べられるが略す：足立注〕

[幾何学においてどのように記号を用いうるか]

しかし多くの場合，こうして紙に線をひく必要はない．各々の線をひとつずつの文字で示せば足りるのである．たとえば，線 BD を GH に加える場合は，一方を a，他

方を b と名づけて, $a+b$ と書く. a から b をひく場合は $a-b$ と書く. また, これらを掛け合わせる場合は ab と書く. a を b で割る場合は $\dfrac{a}{b}$ と書く. a にそれ自身を掛ける場合は aa または a^2 と書き, これにもう一度 a を掛ける場合は a^3 と書き, 以下どこまででも進む. a^2+b^2 の平方根を出す場合は $\sqrt{a^2+b^2}$ と書く. a^3-b^3+abb の立方根を出す場合は $\sqrt{C.\, a^3-b^3+abb}$ と書き, 他の場合も同様である.

　ここで注意してほしいが, a^2, b^3, そのほか類似の書き方をするとき, 私も代数学で用いられている語を使って, これを平方, 立方などと呼びはするが, 普通は単なる線しか考えていないのである.

　同じく注意してほしいことであるが, 問題中に単位が定められていないときは, 同じ線のすべての部分は, 普通はどれも同じ次元によって表現されるべきで, たとえば上の a^3 は, 私が $\sqrt{C.\, a^3-b^3+abb}$ と名づけた線を構成する abb や b^3 と同じ次元を含んでいる. しかし, 単位が定められたときはそうではない. 次元が多すぎたり少なすぎたりする場合はいつも, 言外に単位を考えればよいからである. たとえば $aabb-b$ の立方根を出すという場合には, 量 $aabb$ は 1 度単位で割られており, 他の量 b には 2 度単位が掛かっていると考えねばならない.

　そのうえ, これらの線の名を忘れないように, それをきめたり変えたりするたびに, いつもそれを別に書き出しておかねばならない. たとえば, 次のように書く.

§7. デカルト

AB ∽ 1, すなわち AB は 1 に等しい.
GH ∽ a,
BD ∽ b, など.

デカルトの独創と思われる点を抜き出そう：

（I）算術における四則演算が，与えられた二線分から定木を用いて第三の線分を求める問題に転化できる．開平も円を用いて求められる；

したがって**数の間の演算は何のあいまいさもない**（幾何学による代数の基礎づけ）．

（II）作図可能な問題は $x^2 = ax \pm b$ の形に還元できる；

個々の問題を解くのではなく，**解ける問題とは何か**，と発想を逆転させるのである．この逆転は現代数学の手法の一つである．2 次方程式に還元することは読者の修養に任されているが，大変な修養もあったものだ．正確には代数学の発達を待たねばならない．

（III）作図における諸操作が算術の四則演算と開平演算に分解できることを宣言した．

（IV）線分に文字をあて，演算を $a+b$, ab のごとく文字で行なう；

このほうが図を描くより優れている．

（V）冪の記号 $a^2, a^3, \cdots$ など記号法の改良；

デカルトは早い時期には

$$1_3 \ \& \ O\mathfrak{R} + ON \qquad (x^2 = ax+b),$$
$$1_3 \ \& \ ON - O\mathfrak{R} \qquad (x^2 = a-bx)$$

といった記号法を用いていた．$\mathfrak{z}$ は未知数の平方，$\mathfrak{R}$ は未知数，N は単位，& は = である．既知数はすべて O で表わしている．

デカルトは各地を旅行して歩いた人であるから，いろいろな数学者と接触するうちに記号が洗練されていったと思われる．なお ∝ は等号 = を表わすことは前に述べたが，$\sqrt{\text{C.}}$ は $\sqrt[3]{}$ を表わしている．

なお，$a^2, a^3, \cdots, a^n$ が定義された，とよく解説書に書かれているが，**何乗でも定義できる，ということと，a^n という文字指数が定義されるのとは，大変な違いである．**フェルマーの大定理との関係もあって，この点をしっかり認識しておいていただきたい．繰り返せば，a^2, a^3, a^4 などの記号はデカルトによって定義されたが，文字指数 a^n はまだ現われていない．おそらくはニュートンが文字指数の最初の使用者か，と思われる．ニュートンは $P^{\frac{m}{n}}$ という記号を用いている (1676 年) が，文字指数 $\frac{m}{n}$ は必ずしも有理数を意味せず，無理数でもよい．自然数を変域とする（変域の限定）という思想は誰に始まるのかは知らない（カジョリ [5], vol. 1, p. 355 参照）．

既知量（数，線，面など）は a, b, c などで，未知量は x, y, z などで表わすのもデカルトに始まる．

(VI) すべて線分として扱う（数体系を 1 次元ベクトル空間として扱う）；

したがって，a^2 は正方形，a^3 は立方体などと考える必要はない．また単位が定まってさえおれば同一次元の要請

は守らなくてもよい.

幾何的に説明しようとするかぎりは, 何らかの次元的制約がつきまとうもので,「同一次元の要請」を超克したとはよくいわれるが, よく読めば, ずいぶん式の斉次性に気を使っていることが解る. ヴィエトと比べれば, 線分ですべて事たりる, というところに最大の改革がある. 次元をそろえるという点では同じでも, 簡明という点で違うのである.

『精神指導の規則』の第16規則にはこうした着想に到るまでの粒粒辛苦のさまが窺える. それによると〈自分自身, 平方, 立方〉という〈名称に長い間欺かれていた〉という (平方は正方形, 立方は立方体と言葉が同じである).〈しかるに単位があらかじめおかれている〉と考えれば, 他の量 (平方, 立方など) は〈比例項の数で決まる〉. たとえば a^2 は $1:a=a:x$ から決まる. したがって〈我々は平方を第2比例量, 立方を第3比例量と呼ぶ〉, というのである.

これによれば, たとえば a^4 は a の第4比例量と呼ばれることになるはずだが,『幾何学』では採用していない. a^4 は $a^3 \cdot a$ だというふうに簡単に定義されるようになったから, 名称の問題は抜けてしまったのかもしれないが, 基数を用いた名称をつけていれば大きな影響があったと思う.

私は a^n という記号と「n 乗」という名称は, 意味の上でも, 意義の上でも, **数の位取り法に匹敵する発明**だと考える. 一般の n 次方程式やフェルマーの大定理という, 無数の「自然数」n に対する命題を一行で片付けられるからで

ある.

 さらに,一般に自然数を変域とする文字(定義域の定まった文字)を初めて使用した人は誰なのかを知りたいと思っているが,不勉強でいまだ知らないままである.

§8. パスカルの数学的帰納法

 数学的帰納法はパスカルによって,初めて明確に定義づけられた,ということがフロイデンタールによって考証されている. 1654 年に発表された『数の三角形論』中には,3 個所において数学的帰納法が現われる. その最初のものを書き出してみよう(『パスカル全集』[116] による):

 〈帰結第 12〉
 あらゆる数の三角形において,同じ底辺にあって隣接する二つの細胞のうち,上位の細胞と下位の細胞との比は,上位の細胞から底辺の最上段までの細胞の個数(両端の細胞を含む)と,下位の細胞から最下段までの細胞の個数(両端の細胞を含む)との比に等しい.

 この命題を組合せの記号を用いて書けば
$$_n\mathrm{C}_k : {}_n\mathrm{C}_{k-1} = (n-k+1) : k \qquad (2.3)$$
という等式になる. 基本公式
$$_n\mathrm{C}_k = \frac{n!}{(n-k)!\,k!} \qquad (2.4)$$
は論文の最後になって出てくる.

§8. パスカルの数学的帰納法

パスカルは (2.3) を次のように証明する：

この命題には無限に多くの場合があるが，私は2つの補題を仮定することによって，極めて短い証明を与えよう．

第1．これは自明であるが，この比例は第2底辺において成り立つ．なぜならば，φ と σ との比が1と1との比に等しいことは極めて明らかである．

第2．もしこの比例が任意の1底辺において成り立つならば，それは必然的に次の底辺においても成り立つ．

ここから，この比例が必然的にすべての底辺において成り立つことがわかる．なぜならば，補題1によって，この比例は第2底辺において成り立つ．故に，補題2によって，それは第3底辺において成り立つ．故に，第4底辺においても成り立つ．以下限りなく同様である．

故に，補題2のみを証明すればよい．それは次のようにする．……

そこでパスカルは $n=4$ の場合を補題として示し，他の場合でも数三角形の定義（次ページ図参照）によって明らかである，と結ぶのである．

確かにあざやかな数学的帰納法である．これによって〈すべての自然数〉に関する命題を証明する方法が拓かれたのである．

しかしながら，現在からみれば，基本公式 (2.4) を最

	1	2	3	4	5	6	7	8	9	10
1	1	1	1	1	1	1	1	1	1	1
2	1	2	3	4	5	6	7	8	9	
3	1	3	6	10	15	21	28	36		
4	1	4	10	20	35	56	84			
5	1	5	15	35	70	126				
6	1	6	21	56	126					
7	1	7	28	84						
8	1	8	36							
9	1	9								
10	1									

水平行

数三角形

垂直行

初に,数学的帰納法によって証明しておけば,(2.3)を始めとする『数の三角形論』中の全定理は証明の必要がないほど明らかであるのに,なぜパスカルはそれをしなかったのだろうか,という疑問が湧いてくる.

その理由は記号法の中にある.(2.4)という表現がないために,それを言葉で説明し,証明を「準一般的方法」で,たとえば $n=5$ の場合で説明するとしても,一般性を失わずに説明するのはややこしい.

(2.4)を数三角形の定義をもとに数学的帰納法で証明してみよう:

$$_{n+1}\mathrm{C}_k = {}_n\mathrm{C}_k + {}_n\mathrm{C}_{k-1} \quad (数三角形の定義より)$$

$$= \frac{n!}{(n-k)!\,k!} + \frac{n!}{(n-k+1)!\,(k-1)!}$$

（帰納法の仮定より）

$$= \frac{n!}{(n-k)!\,(k-1)!}\left(\frac{1}{k}+\frac{1}{n-k+1}\right)$$
$$= \frac{n!}{(n-k)!\,(k-1)!}\cdot\frac{n+1}{k(n-k+1)}$$
$$= \frac{(n+1)!}{(n+1-k)!\,k!}$$

これを言葉で説明したらどんなに難儀かは直ちに理解してもらえるだろう．

また (2.4) が解ったとしても，それから (2.3) や

$$\sum_{k=0}^{n} {}_n\mathrm{C}_k = 2^n$$

を導くのは，言葉によるなら，容易なことではない．したがってパスカルの辿った道が必然となるのである．

以上のことから，すべての自然数についての命題を証明する道が拓けた，といっても，まだ拓けただけなのであって，自然数を変域とする文字 n が現われてこない限り数学は幼稚な段階に留まらざるをえないのである．

いわれるように，パスカルは生まれながらの幾何学者であって，計算とくに記号計算を嫌っていたと思われる．何しろ，姉ジルベルトによれば，12歳のとき，まったくの独力で定義，公理を作り，三角形の内角の和は二直角に等し

いという，エウクレイデスの『原論』第1巻，定理32まで，順番に（！），こぎつけた，というのである！

もっとも，父に隠れて第6巻まで読んでいたのだ，という説もある．

パスカル，ニュートンは形式的記号計算法では業績がなく，デカルト，ライプニッツにはそれについて大きな業績がある．その理由を各人の哲学という観点から分析するのは大変興味深い．すべて「神」が関係するのである（たとえばニュートンは力学も錬金術も自分への神の恩寵の立証として研究したのである．奇蹟は特定個人にだけ起こるのだ）．

§9. フェルマーは大定理の正しい証明を得ていたか

本章をここまで読んでこられた読者には，私が
　　NO!
と結論しようとしていることはお見通しであろう．

理由を述べよう．

まず第一に，記号法の未発達である．記号があるということは概念が明確に意識されていることを示している．だから記号法が未発達ということは証明にふさわしい概念が整っていないことを意味している．

デカルトは，フェルマーほどには，数学において緻密ではないが，それにしても17世紀を代表する数学者であることは§7に見た通りである．にもかかわらず，$2n$次の方程式を$2n-1$次の方程式に還元できるといった，4次から

3次への還元の類推をわりに安易にしている.またパスカルで見たように,すべての自然数に関する命題を証明するにはいちじるしい困難があった.$n=4$ のとき証明しておいて,もっと大きい値に対してもまったく同様に成り立つことが容易に知られる場合はそれでもよいが,フェルマーの大定理は $n=3, 4$ のときの証明が容易に一般化されるような代物ではないことは,$n=3$ のときを特別に研究してみれば解るように,まったく明らかなことである.

また文字指数のないことも大きな障害である.文字指数がなければ,特定の指数について考えなければならなくなるからである.

第二に,フェルマーの残された書簡に大定理に言及したものが一つも見当らないことである.たとえば,任意の自然数が高々 n 個の n 角数の和で表わされるという命題を例にとると,「欄外書込み」が書かれたと推定される 1630 年代から 20 年たった 1654 年にパスカルに宛てて,また 1658 年にはディグビイに宛てて述べられている.「欄外書込み集」中の早いものでは 1636 年の手紙にすでに現われるのである.

$n=3$ の場合,すなわち不定方程式
$$x^3 + y^3 = z^3$$
については,1636 年,1640 年,1657 年と三度にわたって手紙に現われる(ディクソン,[11],II, p.545 参照).1657 年にイギリス,オランダの数学者に宛てた手紙([21], II, p.346)を訳してみよう:

ディオファントスは与えられた平方数を二つの平方数（の和）へ分ける問題，および，二つの平方数（の和）から成る与えられた数を別の二つの平方数（の和）へ分ける問題を出している．しかし彼もヴィエトも問題を立方数の場合へあげることは試みていない．なぜわれわれは，最近の学者に解かれず残された，かかる有名な命題を明らかにするのをためらったり，延ばしたりするのか？

　そこで，一つの立方数を二つの立方数（の和）へ分けるよう，および二つの立方数（の和）からなる与えられた数を他の二つの有理立方数（の和）へ分けるよう，提案する．イギリスとオランダはこの問題をどう考えるか，と尋ねる．

$n=4$ の場合も何度も手紙に現われる．ただしこの場合は，直角三角形の面積が平方数にならない，という形においてである．

　フェルマーはメモを書き込んでいるときに考えた，たとえば $n=3$ の場合の証明が，一般にはとても通用しないことに後に気がついたのではなかろうか．

　フェルマーは多角数の問題やフェルマー素数の問題にみるごとく，一般的命題が好きな人だった，というより，一般的命題を述べることのできた最初の人であったから，もし大定理が正しいと確信していたなら，何度でも，飽きることなく繰り返し，手紙に書いただろうと想像される．

オイラー

　第三に，後に続く有名な人達（その中にはオイラー，ガウス，ディリクレを含む）が大定理の証明に成功しなかったことである．記号法も整備され，少しずつ新しい手法も導入されていったにもかかわらず，フェルマーに並ぶと考えられる人達が成功しないというのはいかにも不思議ではなかろうか．

　私はもっと懐疑を進めて，オイラーが成功しなかったフェルマーの言明はすべて，実はフェルマーも厳密な証明を得ていなかったのだ，と考える．フェルマーがいかに完全な証明だと考えていたとしても，後世の批判的な目に晒してみれば，いくらでも，簡単には埋められないギャップが続出したであろう．

　これはフェルマーの能力の問題ではない．数論がいまだ草創期にあったことと，数論という学問の性質に基づくのである．学問の性質ということになると，やったことのある人でないとすぐに理解してもらえないことなのだが，次

のようにいえば当たらずとも遠からずであろう．

　整数というのは，実数全体を扱うのと違って，不連続である．不連続な性質というのは解析学を適用するのが困難なため，一般論が展開しにくい．たとえば，ある一つの n に対して，一つだけ
$$x^n + y^n = z^n$$
を満たす x, y, z があって，それ以外の n にはまったく解がない，ということだってありうるのである．

　したがって，簡単に予想は立てられるのだが証明がしにくいという性質も同時にある（数論に熱狂する人がいて，他の数学と違う面があるのもこのせいである）．心理的には，成り立つはずだ，という確信があるものだから，つまらぬところで錯覚を起こすのである．その後の大定理の歴史がこれを証明している．

　オイラーはフェルマーの残した問題を追求した第一人者であり，能力も比肩しうる人であった．たいていの問題はオイラーによって厳密な証明を与えられた．たとえば，$4n+1$ 型の自然数が二つの平方和に表わせることは，オイラーによって 1747 年に証明された．

　$n=3$ の場合の大定理もオイラーが証明した．

　$2^{2n}+1$ はつねに素数を表わすという確信はオイラーによって誤りであることが後に指摘された．オイラーは多角数和による任意自然数の表現定理の証明に失敗した．大定理の真偽も解らない，など，共通点をさぐると，任意の自然数 n に関する，ある種の型の命題には，フェルマーはその

証明の表現にいちじるしい困難を感じていたのではないか,と思われる.もちろん現在でも証明はむずかしいわけだが,自分の頭の中にある証明を表現するのに,その手段がまだ開発されてなかったのではないか,という推測である.

このことは,フェルマーがいかに時代を超越していたかの証明でもある.その頭の中にある証明は,おそらくは,大筋では正しくても,かなりギャップがあって,実際には成り立たないことすらあったのであろう.

次に,現代の数学者が,フェルマーが本当に大定理の証明を得ていたか,という問題をどのように見ているかの一例として,第4章の用語を使うので,その正確な意味は読者に解らないかもしれないが,ヴェイユの次のような説を紹介しよう.

ヴェイユが1972年に行なった『数論——その過去と現在——に関する二つの講義』という講演が1974年に論文として出版された([94]に収録).彼の説をかいつまんで述べよう:

オイラーは,現代の用語でいえば,$Q(\sqrt{-3})$の類数が1であるという事実に当たる仮定に基づいて
$$x^3 - y^3 = z^3$$
に解がないことを証明した.後にその仮定の証明に成功した.フェルマーも$Q(\sqrt{-3})$の類数が1であるという事実に相当することを知っていただろう.そしてフェルマーはさらに一般のnについても類数が1であるという間違った仮定に基づいて大定理の証明を行ない,まもなくその誤り

に気がついたのではなかろうか.彼が $n=5$ の場合,すなわち

$$x^5 + y^5 = z^5 \tag{2.5}$$

の場合すら,真面目に考えてみたとは思えない.

なぜなら,とヴェイユは言う,数学者にも,実験屋と理論屋がいる.オイラーは典型的な実験屋で,フェルマーは理論屋だ.フェルマーは種数1の曲線以外扱ったことがない.しかるに (2.5) の表わす曲線は種数1ではない.フェルマーがこういう範囲外のことを扱うはずがない,というのである.

しかし,類数が1ならフェルマーの大定理が簡単に証明できるというようなものではない.単数をどう扱うかという大問題があるのである.したがってヴェイユの言っていることには偉い人が言ったという以外は大した意味はない.

第3章
フェルマー以後クンマー以前

§1. オイラー

 17世紀における卓越した数論学者はフェルマーただ一人であった. 同様に18世紀における卓越した数論学者はオイラー (1707-1783) ただ一人である. もっとも後半生にはラグランジュ (1736-1813) が加わるが.

 〈すばらしい定理〉,〈驚くべき証明〉といった謎と神秘に満ちた宝島の地図みたいなフェルマーの言明だけを頼りに, オイラーは数論研究に乗り出していった.

 オイラーはまず,
$$x^4+y^4=z^2 \qquad (3.1)$$
は自然数解を持たないことの証明に成功した (1738年). ここではオイラーの著書『代数学』([18]) の証明をほぼ原型のまま紹介しよう:

 定理 3.1 a^4+b^4 のような二つの4乗数の和は, 一方の4乗数が消えないかぎり, 平方数ではありえない.

 証明 a^4+b^4 が平方数である場合には, 二数 a,b がいかに大きかろうと, だんだんに小さい a,b が取れるというこ

とを示すふうに，証明すべき定理を変えよう．したがって4乗数の和が平方数であるような数に最小のものはないのだから，大きな数の中にもそんなものはないと結論せねばならない．

ゆえに，a^4+b^4 が平方数で a と b とは互いに素であるとせよ；もしも互いに素でないなら，除法によってそのようにできる．a を奇数とすれば，b は偶数である；双方ともに奇数では平方数にならないからである．したがって

$a^2 = p^2 - q^2, \quad b^2 = 2pq$；

ここに p, q は互いに素で，一方は偶数，他方は奇数と書ける〔定理 1.1 参照：足立註〕．しかるに $a^2 = p^2 - q^2$ ならば，必然的に p は奇数である，なぜなら，さもないと，$p^2 - q^2$ は平方数になりえないからである．ゆえに p は奇数で，q は偶数である．$2pq$ が平方数でなくてはならないから，p も $2q$ も平方数であらねばならない，p と $2q$ とは互いに素だからである．$p^2 - q^2$ が平方数だから，必然的に

$p = m^2 + n^2, \quad q = 2mn$；

m, n は再び互いに素で，一方は偶数，他方は奇数である．しかるに $2q$ が平方数なので，$4mn$，したがって，mn が平方数である．ゆえに m, n は平方数である．ゆえに

$$m = x^2, \quad n = y^2$$

とおけば，

$$p = m^2 + n^2 = x^4 + y^4,$$

そして p は平方数であらねばならない．これから，もしも $a^4 + b^4$ が平方数なら，$x^4 + y^4$ も平方数である．しかるに

x, y は a, b よりずっと小さいことは明らかである．同様に4乗数の和 x^4+y^4 から，再びより小さい，和が平方数となるものを得る，このように進んで整数中で最小の4乗数に達する．和が平方数となる最小の4乗数というのは存在しないから，たいそう大きな数でも存在しないことは明らかである．しかしながら，4乗数の一つの対の中で一方が0ならば，残りのすべての対において一方が消えてしまい，ここには何も新しいことは起こらない．□

(3.1) に解がなければ，フェルマーの大定理は $n=4$ の場合に正しいことは明らかである．

仮に，すべての奇素数 p に対して，大定理が正しい，すなわち

$$x^p + y^p = z^p \tag{3.2}$$

が自然数解を持たないとすると，$n=4$ の場合と合わせて，すべての自然数 n に対して大定理は正しいことになる．

なぜなら，まず，n が奇数である場合は，その素因数を p とすれば，$n=pm$ ($m \geq 1$) と表わせる．

$$x^n + y^n = z^n$$

に解 x, y, z があるとすると，

$$(x^m)^p + (y^m)^p = (z^m)^p$$

となり，(3.2) に解があることになって矛盾する．

次に n が偶数 $n=2m$ であるとする．m が偶数ならば $n=4k$ と表わせて，$n=4$ の場合に解がないことから，$n=4k$ の場合にも解はない．m が奇数ならばその素因数を

とれば，先ほどと同様の議論ができる．

したがって大定理を証明するには奇素数 p の場合だけを扱えばよいことになる．

最小の奇素数 3 の場合はオイラーによって証明された．1753 年にゴールドバッハへ宛てた手紙の中ですでに言及されているが，実際に証明が述べられているのは，『代数学』の中である：

定理 3.2 和または差が立方数であるような二つの立方数を見つけることは不可能である．

証明 もしこの不可能性が和に適用されると，差にも適用されるということの観察から始めよう．実際，
$$x^3 + y^3 = z^3$$
が不可能であれば，
$$z^3 - y^3 = x^3$$
も不可能である．いま，$z^3 - y^3$ は二つの立方数の差である；ゆえに一方が可能なら，他方も同じくそうである．これは起こらないのだから，和の場合か差の場合に不可能性を証明すれば十分である；その証明は次のような一連の推論によって行なわれる．

I. x, y は互いに素と考えてよい；なぜなら公約数がある場合，二数の立方はその公約数の立方で割り切れる．たとえば，$x = 2a, y = 2b$ とせよ．しからば
$$x^3 + y^3 = 8a^3 + 8b^3 ;$$

この式が立方数なら，a^3+b^3 も立方数である．

II. ゆえに x,y は公約因数をもたないので，これらは共に奇数か，一方が偶数で他方が奇数となる．最初の場合は，z は偶数である，もう一つの場合は z は奇数である．結果として，三数 x,y,z のうちに一つだけ偶数のものがあり，残りの二つは奇数であることになる；それだから証明には x と y とが奇数の場合を考えれば十分である：なぜなら，問題となっている不可能性を，和か差か，いずれか一方に対し証明すればよいからである；そして根の一つが負のときにたまたま和は差になるのである．

III. ゆえに，もし x,y が奇数なら，それらの和と差がともに偶数となることは明らかである．ゆえに

$$\frac{1}{2}(x+y) = p, \qquad \frac{1}{2}(x-y) = q$$

とおけば，$x=p+q, y=p-q$ を得る；だから p,q の一方は偶数で他方は奇数である．さて，$(p+q)^3 = x^3$ を $(p-q)^3 = y^3$ に加えて，

$$x^3+y^3 = 2p^3+6pq^2 = 2p(p^2+3q^2) ;$$

それだからこの積 $2p(p^2+3q^2)$ が立方数にはなりえないことを証明することが要求されるのである；そしてもし証明が差に適用されたなら，

$$x^3-y^3 = 6p^2q+2q^3 = 2q(q^2+3p^2)$$

を得，p と q とを入れかえれば，ちょうど先に得た式となる．したがって，われわれの目的のためには式 $2p(p^2+3q^2)$ が立方数となることの不可能性を証明すれば十分である；

そこから必然的に二つの立方数の和も差も立方数になりえないことが従うからである.

IV. ゆえにもし $2p(p^2+3q^2)$ が立方数ならば, その立方数は偶数であり, したがって, 8で割れる：結果として, 式の8分の1, すなわち $\frac{1}{4}p(p^2+3q^2)$, は必然的に整数である, そしてしかも立方数である. さて, p, q のいずれか一方が偶数で, 他方が奇数であることが解っている；だから p^2+3q^2 は奇数でなければならない, だから p が4で割れなければならない, すなわち $\frac{p}{4}$ は整数でなければならない.

V. しかるに積 $\frac{1}{4}p(p^2+3q^2)$ が立方数であるためには, これらの因子の各々が, 公約因子をもつ場合を除けば, 別々に立方数でなければならない；というのは互いに素である二つの因数の積が立方数であれば, 各々が必然的に立方数であるから；そしてもしこれらの因数が共通因数をもてば, 話は別であって, 特別に考察を必要とする. だからここで問題は因数 p と p^2+3q^2 が公約数をもたないかどうかを知ることである. これを決定するために, もしも公約数をもつならば, p^2 と p^2+3q^2 も同じ公約数をもつということが考慮されねばならない；これらの数の差 $3q^2$ もまた同一の公約数を p^2 との間にもたねばならない. p と q とは互いに素だったから, p^2 と $3q^2$ とは3以外の公約数をもちえない, そしてこれは p が3で割れる場合である.

VI. ゆえに調べるべき二つの場合がある：一つは因数 p と p^2+3q^2 とが公約数をもたない場合, これはつねに,

p が3で割れないとき起きる；もう一方は，これらの因数が公約数をもつ場合で，p が3で割り切れるときに起きる．われわれはこれら二つの場合を注意深く分けねばならない，なぜならおのおの別の証明が必要だからである．

VII. Case 1. p が3で割れないとせよ，このときは，$\dfrac{p}{4}$ と p^2+3q^2 は互いに素である；だから各々が立方数でなければならない．p^2+3q^2 が立方数であるためには，前に見た通り，
$$p+q\sqrt{-3} = (t+u\sqrt{-3})^3,$$
$$p-q\sqrt{-3} = (t-u\sqrt{-3})^3$$
と仮定すればよい．これから
$$p^2+3q^2 = (t^2+3u^2)^3$$
を得，これは立方数である．これから
$$p = t^3-9tu^2 = t(t^2-9u^2),$$
$$q = 3t^2u-3u^3 = 3u(t^2-u^2)$$
を得る．q は奇数であるから，u も奇数でなければならない；そして，t が偶数ということになる，なぜなら，そうでなければ t^2-u^2 が偶数となるからである．

VIII. p^2+3q^2 を立方数へ変え，
$$p = t(t^2-9u^2) = t(t+3u)(t-3u)$$
を見出した後，さらに $p/4$, したがって $2p$ が立方数であることが要求される；同じことだが $2t(t+3u)(t-3u)$ が立方数である．しかしここで t は偶数で，3で割れないということが看取されねばならない；そうでなければ p が3で割れることになり，仮定に反するからである：したがって

三つの因数 $2t, t+3u, t-3u$ は互いに素である；このとき三つの因数のそれぞれが立方数でなければならない．ゆえに，$t+3u=f^3, t-3u=g^3$ とおけば，
$$2t = f^3 + g^3$$
を得る．上で見たように，もし $2t$ が立方数なら，和が立方数であるような二つの立方数 f^3, g^3 をもつことになる，そしてこれらは，はじめに仮定した立方数 x^3, y^3 よりずっと小さいことは明らかである．実際，最初に $x=p+q, y=p-q$ とおき，次に p, q を t, u で決めたから，x, y は必然的に t, u よりずっと大きいのである．

IX. したがって，求めるような二つの立方数が大きな数の中で見つかるものならば，ずっと小さな数において，和が立方数となる二つの立方数を見出すこともできることになる，同様にしてさらに小さい立方数に導かれる．小さい数の間でそのような数がないことは大変確かなことなので，より大きい数の間でもそのような数が存在しないことが導かれる．この結論は第二の場合を扱うことによって確定するが，その場合も次に見るように同じなのである．

X. Case 2. さて，p は3で割り切れ，q はそうではないと仮定しよう．そこで $p=3r$ とおく；そのときわれわれの式は $\frac{3}{4}r(9r^2+3q^2)$ となる，すなわち $\frac{9}{4}r(3r^2+q^2)$；そしてこれらの二つの因数は互いに素である，$3r^2+q^2$ は2でも3でも割れないし，r は p 同様偶数だからである；だから各因数が立方数でなければならない．

XI. さて，第二の因数 $3r^2+q^2$，すなわち q^2+3r^2 を

変形することによって,前と同様に,
$$q = t(t^2 - 9u^2), \qquad r = 3u(t^2 - u^2)$$
が解る;そして q は奇数であるので,t も同様奇数でなければならない,そして u は偶数でなくてはならない.

XII. $\frac{9}{4}r$ も立方数でなければならない;あるいは立方数 $\frac{8}{27}$ をかけることによって,$\frac{2}{3}r$,すなわち
$$2u(t^2 - u^2) = 2u(t+u)(t-u)$$
が立方数である;これら3因数は互いに素なので,各々それ自身立方数でなくてはならない.そこで $t+u = f^3, t-u = g^3$ とせよ,そうすれば $2u = f^3 - g^3$ となる;言い換えれば,もしも $2u$ が立方数ならば,$f^3 - g^3$ も立方数ということになる.したがって,その差が立方数となるような,最初のものよりずっと小さい二つの立方数 f^3, g^3 を得るのである,そしてそのことにより和が立方数となる二つの立方数が存在することになる;つまり $f^3 - g^3 = h^3$ とおけば,$f^3 = g^3 + h^3$ となり,一つの立方数が二つの立方数の和に等しくなるのである.かくして,前出の結論が完全に確かめられた;というのは,大きな数で,和か差が立方である二つの立方数が捜せないので,いままで見てきたことにより,そのような二つの立方数は,小さい数の間でも見つからないのである. □

さて,この証明には一つの欠陥があることがしばしば指摘されてきた.それは VII と XI とに現われる次の論法である:

補題 3.3　p, q を互いに素な整数とする．p^2+3q^2 が奇数で，しかも 3 乗数ならば，
$$p = a^3 - 9ab^2, \quad q = 3a^2b - 3b^3$$
を満たす整数 a, b が存在する．

オイラーの証明では，〈前に見た通り〉とあるが，前のほうの記述は証明になっていないことが知られている．

結論としては，補題 3.3 は正しいのだが，$\mathbf{Z}[\sqrt{-3}]$ で証明するにはやや無理がある．たとえば $\mathbf{Z}[\sqrt{-3}]$ での
$$4 = 2 \cdot 2 = (1+\sqrt{-3})(1-\sqrt{-3})$$
という 4 の二通りの分解を考えると，これは明らかに本質的に違う二通りの既約元分解になっている．つまり
$$\mathbf{Z}[\sqrt{-3}] = \{x+y\sqrt{-3} \mid x, y \in \mathbf{Z}\}$$
は素元分解とその一意性の成り立つ環ではないのである．

ところが
$$\omega = \frac{-1+\sqrt{-3}}{2}$$
を考えると，これは 1 の 3 乗根であるが，環 $\mathbf{Z}[\omega]$ は素元分解とその一意性の成り立つ環（ガウス環）であることが $\mathbf{Z}[\sqrt{-1}]$ と同様証明されるのである．これを用いて補題 3.3 の証明をしてみよう．

補題 3.3 の証明
$$p^2 + 3q^2 = (p+q\sqrt{-3})(p-q\sqrt{-3})$$
そこで $\alpha = p+q\sqrt{-3}$, $\bar{\alpha} = p-q\sqrt{-3}$ とする．α と $\bar{\alpha}$ の

公約素元があるとして,それを π とする. $\pi|2p$ かつ $\pi|2q\sqrt{-3}$ である. $\pi|2$ なら p^2+3q^2 が偶数となるから, π は 2 の約元ではない.したがって $\pi|p$. 一方, $(p,q)=1$ だったから, $\pi|\sqrt{-3}$ となる.これは p^2+3q^2 が 3 で割り切れることを意味する.すなわち p が 3 で割り切れる. $p=3r$ とおけば $p^2+3q^2=3(q^2+3r^2)$. これが 3 乗数なのだから q^2+3r^2 が再び 3 で割れねばならない.これにより $3|q$ となり $(p,q)=1$ に反する.ゆえに π は 3 の因子ではない.これにより α と $\bar{\alpha}$ とが互いに素であることが示された.

$\alpha\bar{\alpha}$ が 3 乗数で, α と $\bar{\alpha}$ が互いに素だから, $\boldsymbol{Z}[\omega]$ がガウス環であることにより,
$$\alpha = \varepsilon(a+b\omega)^3$$
と表わせる.ここに ε は $\boldsymbol{Z}[\omega]$ の単数,すなわち
$$\varepsilon = \pm\omega^k \qquad (k=0,1,2)$$
で, a,b は整数である.
$$(a+b\omega)^3 = (a\omega+b\omega^2)^3 = (-a+(a-b)\omega)^3$$
であるから, a,b がともに奇数の場合は $-a$ を $a, a-b$ を b と考えることによって,どちらかが偶数としてよい.そこで b が偶数であるとすると
$$\alpha = \varepsilon(c+d\sqrt{-3})^3$$
と表わせることになる. c^2+3d^2 が奇数で, α も $\boldsymbol{Z}[\sqrt{-3}]$ の元であるから $\varepsilon=\pm 1$ であることが解る. a が偶数の場合も同様な方法で $\varepsilon=\pm 1$ を得る.結局
$$\alpha = (a+b\sqrt{-3})^3$$
という形に表わせるわけだから,実部,虚部を比較して補

題を得る．□

バーグマンが考証したところによると（1966年, [3]），オイラーは『代数学』より10年前，すでに，補題3.3を初等的に証明しているということである．

したがってオイラーの最初の証明は純初等的な証明であったのだが，複素数を用いる証明のほうがスマートだと考えて『代数学』に採用したのであろう，と推測される．

オイラーはフェルマーの大定理の拡張も考え，次のような考察を残している（[11], II, p.648 による）：

多くの数学者には，フェルマーの大定理は一般化されうるもののように思われる．和や差が立方数になるような二つの立方数がないように，3個の4乗数の和が4乗数になることはありえないということと，4乗数の和が4乗数になるならば少なくとも4個の4乗数が必要であるということは，今日まで誰もそういう四つの4乗数を示していないにもかかわらず，確かなことである．同様に5乗数の4個の和が5乗数になるのは不可能に思えるし，もっと高羃の場合も同様であろう．

1966年になって
$$27^5 + 84^5 + 110^5 + 133^5 = 144^5$$
が指摘され，オイラーの予想に反例があげられてしまった．
$$x^4 + y^4 + z^4 = w^4$$

に解があるかどうかは長い間わからなかったが，1988年，無数に解があることが示された．

こういう話題はディクソン [11] の第II巻，第XXII章，第XXIII章，およびガイ [103] のディオファントス方程式の章を参考にするとよい．

オイラーは，$4n+1$ 型の素数はすべて二つの平方数の和に表わせるというフェルマーの言明の証明に，1747年になって成功したが，すべての自然数は四つ以内の平方数の和として表わせるという言明の証明には成功しなかった．

現在ラグランジュの定理と呼ばれているこの定理は，1770年ラグランジュによって証明が完成された．彼はオイラーの諸結果からアイデアを得たことを認めている．オイラーはラグランジュの証明をかなり簡易化した．現在知られている証明はオイラーやガウスによって高度に洗練された成果である．

フェルマーが言明した多角数の定理（任意の自然数は n 個以内の n 角数の和で表わせる）はコーシーによって1813年最終的に証明された．

$2^{2^n}+1$ の型の数はすべて素数であろうというフェルマーの確信は，$n=5$ のとき 641 という因数をもつということをオイラーによって示され，反証をあげられた（1732年）；

$$2^{2^5}+1 = 2^{32}+1 = 4294967297 = 641 \times 6700417$$

オイラーについてはもっと書いておかねばならないことがたくさんあるが，一応，以上で終りとする．彼の伝記は [99], [102] を見よ．

§2. 5次以上の個々の場合

フェルマーの大定理の $n=5$ の場合はルジャンドル (1752-1833) が 1825 年に証明した．それより少し前ディリクレ (1805-1859) が証明を x, y, z のどれかが偶数であり，かつ 5 の倍数である場合とそうでない場合の二つの場合に分けて，その第一の場合の証明を提出していたのだが，ルジャンドルが残る場合を，ディリクレの方法を参考にして完成したのである．ディリクレの方も国へ帰って第二の場合の証明を完成したから，$n=5$ の場合はこの二人に名誉が帰されるべきである．その詳細は [95]（訳は [102]）を見るとよい．

$n=7$ の場合は 1839 年になってラメ (1795-1870) により与えられたとされているが，その複雑で長々しい論文をながめれば，初等的な手法では，もう限界だということがよく解るであろう．また $n=11$ の場合にも適用できそうな，なんの光もそこからは見えてこない．

[75], pp.60-62 に，ルベーグが 1840 年に発表した，ラメの論文よりは簡単な証明の，ごく簡単な解説がある．

これらの個々の指数に関する結果の内容については，これ以上本書では触れない．「大定理」解決への道とは，おそらく何の関係もない，歴史的意味しか持たないと思うからである．

§3. ソフィ・ジェルマンの結果

個々の指数に対する結果ではなく，一般的な結果に初め

て到達したのは，フランスの女性数学者ソフィ・ジェルマン (1776-1831) である（その簡潔な伝記は [32] および [99] を見るとよい）．

ソフィ・ジェルマンは，女だと相手にされないのではないかと恐れ，ルブラン氏と名乗ってガウスと文通した．当時の数学界に驚きをもって迎えられた彼女の結果（1823年）は次の通りである：

ソフィ・ジェルマンの定理 p を $2p+1$ も素数であるような奇素数とする．このときフェルマーの大定理の第一の場合は指数 p に対して正しい．

ここで，第一の場合と第二の場合の定義を与えておく：

定義 3.4 p を奇素数とする．フェルマー方程式
$$x^p + y^p = z^p, \quad (x,y) = 1 \tag{3.3}$$
において，
$$xyz \not\equiv 0 \pmod{p}$$
という自然数解が存在しないことを主張する命題を，フェルマーの大定理の**第一の場合**という．また
$$xyz \equiv 0 \pmod{p}$$
なる解が存在しないことを主張する命題を，フェルマーの大定理の**第二の場合**という．

ソフィ・ジェルマンの定理の証明を紹介するために，次のような準備をしよう．

補題 3.5 n は奇数であるとし,a,b は互いに素な整数とする.$a+b\neq 0$ のとき

$$Q_n(a,b) = \frac{a^n+b^n}{a+b}$$

とおくと,$Q_n(a,b)$ は自然数で,
$$(Q_n(a,b), a+b) = (n, a+b)$$
が成り立つ.

証明 $a+b=c$ とおくと
$$Q_n(a,b) = \frac{a^n+(c-a)^n}{c}$$
$$= \sum_{k=1}^{n-2}(-1)^k {}_nC_k c^{n-1-k}a^k + na^{n-1}$$
$$\equiv na^{n-1} \pmod{c}$$

$(a,b)=1$ より $(a,c)=1$.したがって
$$(Q_n(a,b), c) = (na^{n-1}, c) = (n, c) \quad \square$$

$a^n+b^n = (a+b)Q_n(a,b)$ であるので,$Q_n(a,b)$ については早くから研究されていた.

補題 3.6 x,y,z は
$$x^p+y^p+z^p = 0 \tag{3.4}$$
を満たす整数とする.
$$xyz \not\equiv 0 \pmod{p}$$
ならば,$x+y$, $y+z$, $z+x$ および $Q_p(x,y), Q_p(y,z)$,

$Q_p(z, x)$ はすべて p 乗数となる.

証明 $(-z)^p = x^p + y^p = (x+y)Q_p(x,y)$ (3.5)
補題 3.5 によって
$$(Q_p(x,y),\ x+y) = (p, x+y) \tag{3.6}$$
一方 (3.4) より, フェルマーの小定理を使って
$$-z \equiv (-z)^p = x^p + y^p \equiv x+y \pmod{p}$$
$z \not\equiv 0$ だから $x+y \not\equiv 0$. $\therefore (p, x+y) = 1$. したがって (3.6) から
$$(Q_p(x,y), x+y) = 1$$
したがって
$$(-z)^p = x^p + y^p = (x+y)Q_p(x,y)$$
より $x+y$ および $Q_p(x,y)$ は p 乗数である.

同様に $y+z$, $z+x$ なども p 乗数である. □

x, y, z の対称性のため, (3.3) でなく (3.4) のほうを使うことも多い.

定理 3.7(ソフィ・ジェルマン) p, q を次の条件を満たす奇素数とする:

(1) p は法 q に関して,どんな整数の p 乗とも合同ではない.

(2) x, y, z を整数とし,
$$x^p + y^p + z^p \equiv 0 \pmod{q} \tag{3.7}$$
となるならば,

$$xyz \equiv 0 \pmod{q}.$$

このときフェルマーの大定理の第一の場合は,指数 p に対して正しい.

証明 $x^p+y^p+z^p = 0, \quad (x,y)=1$
とする.必然的に $(y,z)=(z,x)=1$ である.仮定 (2) より q は x,y,z のどれか一つを割り切る.たとえば $q|x, q \nmid yz$ とする.

補題 3.6 によって
$$x+y = t^p, \quad y+z = r^p, \quad z+x = s^p$$
と表わせるから
$$x = \frac{-r^p+s^p+t^p}{2},$$
$$y = \frac{r^p-s^p+t^p}{2},$$
$$z = \frac{r^p+s^p-t^p}{2}$$
と書ける.ゆえに
$$(-r)^p+s^p+t^p = 2x \equiv 0 \pmod{q}$$

以下,法はすべて q とする.

(2) によって $rst \equiv 0$ を得る.
$$t^p Q_p(x,y) = -z^p, \quad z \not\equiv 0$$
ゆえに $t \not\equiv 0$. 同様に $s \not\equiv 0$. ゆえに $r \equiv 0$. $\therefore y \equiv -z$;
$$t_1{}^p = \frac{x^p+y^p}{x+y} = Q_p(x,y)$$
とすると $(x+y)t_1{}^p = x^p+y^p, x \equiv 0$ より $t_1{}^p \equiv y^{p-1}$;

$$r_1{}^p = \frac{y^p + z^p}{y+z} = Q_p(y,z)$$

とすると

$$r_1{}^p = \sum_{j=0}^{p-1} y^{p-1-j}(-z)^j \equiv \sum_{j=0}^{p-1} y^{p-1} = py^{p-1} \equiv pt_1{}^p.$$

$z \not\equiv 0$ だから $t_1 \not\equiv 0$. そこで $t_1 t' \equiv 1$ となる t' を取れば $p \equiv (r_1 t')^p$ となり,仮定(1)に矛盾する. □

ソフィ・ジェルマンの定理の証明 p を素数とし $q = 2p+1$ も素数であるとする. $p \equiv a^p \pmod{q}$ とすると

$$\pm 1 = \left(\frac{a}{q}\right) \equiv a^{\frac{q-1}{2}} = a^p \equiv p.$$

ゆえに $p \equiv \pm 1 \pmod{q}$ となり,$q = 2p+1$ に矛盾する. したがって上の定理の条件(1)が成り立つ.

次に $x^p + y^p + z^p \equiv 0 \pmod{q}$, $xyz \not\equiv 0 \pmod{q}$ とする.

$x^p = x^{\frac{q-1}{2}}$ で,$x^{q-1} \not\equiv 0$ だから $x^p \equiv \pm 1$. 同様に $y^p \equiv \pm 1$, $z^p \equiv \pm 1$.

$$\therefore \quad 0 \equiv x^p + y^p + z^p \equiv \pm 1 \pm 1 \pm 1.$$

これは $q > 3$ だから起こりえない. □

定理の証明中,$\left(\dfrac{a}{q}\right)$ は平方剰余の記号で,

$$\left(\frac{a}{q}\right) \equiv a^{\frac{q-1}{2}} \pmod{q}$$

は有名な「オイラーの規準」である.

ルジャンドルは同様の方法を用いて次の拡張を得た：

定理 3.8 奇素数 p に対し $2p+1, 4p+1, 8p+1, 10p+1, 14p+1, 16p+1$ のうち一つでも素数であれば，指数 p に対してフェルマーの大定理の第一の場合は正しい．

この判定法でチェックできない最初の素数は 197 で，それより小さい素数に対してはすべて第一の場合は正しいことになる．

〈$2p+1$ も素数となるような素数 p が無数に存在するか〉どうかは，いまだに解決されていない問題である．

§4. 1847 年の事件

クンマー（1810-1893）の画期的業績の第一弾は 1844 年に発表される．クンマー以前の話をしているのに，1847 年の出来事をここで取り上げるのも奇妙だが，当時クンマーの仕事が世に広く知られていなかったために，時間のズレが起こって，クンマー以前のような出来事が生じたのである．欄外書込みが書き込まれて 200 年，初等的な取扱いが完全な行詰りの状態を見せて，現代的な手法が勃興する直前の混乱状態を示す歴史的事件であるので，ここにエドワーズの [12], [13] に従って少し詳しく解説しよう．

1847 年 3 月 1 日のパリ学士院の集会で，ラメはフェルマーの大定理をついに証明したと宣言し，その証明の概略を発表した．その証明の概略とその欠陥については次節で

解説するが,
$$x^p + y^p = (x+y)(x+\zeta y) \cdots (x+\zeta^{p-1}y) \qquad (3.8)$$
という因数分解を基本的なアイデアとしている. ここに ζ は 1 の原始 p 乗根, すなわち p 乗して初めて 1 になる複素数である. たとえば
$$\zeta = \cos\frac{2\pi}{p} + i\sin\frac{2\pi}{p} = e^{2\pi i/p}$$
を取ればよい.

問題 因数分解 (3.8) を証明せよ.
[ヒント] $x^p - 1 = (x-1)(x-\zeta) \cdots (x-\zeta^{p-1})$

ラメは同僚のリューヴィルとの対話から (3.8) を思いついたのであり, 栄誉を彼と分け合いたい, と熱狂的に語った.

続いて講演に立ったリューヴィルのほうでは栄誉を分かたれることを固辞した. まず, (3.8) という因数分解など一流の学者なら誰でも思いつくものであり, 例えばラグランジュ, ガウス, コーシー, ヤコービなどはそういう分解を考えている. 第二に複素数での素因数分解の一意性を用いるが, その根拠を知りたい. それが証明されるまではラメの証明を認めない, と述べた.

第三の, そして最後に立った講演者はコーシーであった. コーシーは数カ月前に因数分解 (3.8) を自分も思いついていたのであって, いそがしくてフェルマーの大定理の証

明に取りかかるのが遅れていたのだと主張した.

 それからの数週間は見ものである. ラメはリューヴィルの指摘を認めたが, それは解決できるもので, このような明証がありながら真の証明に辿りつくことを拒む障害などあろうはずがないと確信していた.

 3月15日にはヴァンツェルが素因数分解の一意性を証明したと述べたが, 単に n が4以下の場合に成功しただけで, それ以上は「明らかに解る」というのである.

 コーシーはこの問題について一連の論文をこの時期に発表する.

 3月22日にはコーシー, ラメ双方が学士院に秘密文書を預ける. 優先権争いが生じたときのために, アイデアを前もって記しておく慣習があったわけだが, このときの秘密文書が大定理に関するものであることは疑いない. もちろん, 歴史が示すように優先権争いなど生じはしなかった.

 続く数週間, コーシーとラメは何やら内容を判別しがたい小論を相次いで発表し, 息づまる鍔迫り合いを演じるのである.

 5月22日リューヴィルはクンマーから手紙を受け取り, 事態は一転するのである.

 リューヴィルはドイツのディリクレと仲がよかった. 相手の国の数学界の事情をお互いに知らせあっていたのだろうと思われる.

 クンマーはディリクレの弟子であり親友でもあった. ディリクレからパリの喧騒を聞いて, クンマーはリューヴィ

§4. 1847年の事件

ルへ手紙を出すことにしたのであろう.

その手紙の当該部分を収めた『クンマー全集』([50])の298ページを訳してみよう(原文フランス語):

友人のルジューヌ・ディリクレ氏に勧められて,失礼を顧みず,三年前にケーニヒスベルク大学の創立300年祭の際に私が書きました論文の別刷と,もう一つ,私の友人であり弟子でもある,若く優秀な数学者クロネッカー氏の論文を贈らせていただきます.私の深甚な尊敬の印としてお受け取り願いたいこれらの論文の中に,お国の名高い学士院のただ中で,ラメ氏によるフェルマーの定理の証明の試論に関連して,最近議論の的となっておりました,$r^n=1$ の根から構成される複素数の理論の,いくつかの点における進展をお認めくださるでございましょう.他の点でも欠陥のあるこの(ラメ氏の)証明に対して,あなた様が大変正しくも惜しんでおられる通り,これらの複素数に対する,**合成複素数がただ一通りの方法で素因数に分解される**という本質的命題に関しては,$\alpha_0+\alpha_1 r+\cdots+\alpha_{n-1}r^{n-1}$ の形の複素数を扱っている限り,**一般には起こらないことだ**ということを確言いたします.しかしながら,私が**理想複素数**と名づけております,新しい一種の複素数を導入いたしますと,それを救うことができるのであります.

この問題に関する私の研究結果はベルリン・アカデミーに通知され,1846年3月の紀要に載りました;同じ主題

リューヴィル

の論文が『クレレ』誌に間もなく出る予定であります。この理論のフェルマーの定理への応用にずっと前から専心してまいりましたが，方程式 $x^n - y^n = z^n$ の不可能性を素数 n の二つの性質に関係づけることに成功いたしました，その結果これらの性質がすべての素数のものなのかどうかを調べるだけになっております．これらの結果がなんらかの注目に値すると思われます場合には，今月のベルリン・アカデミーの紀要に掲載されているものをご覧いただきたいと存じます．

この手紙はリューヴィルの雑誌 *Journal de mathématiques pures et appliquées XII*, 136 (1847) に，リューヴィルの以下のようなコメントをつけて掲載された（[50], p. 298）：

この手紙の最初の話題である，1844年の日付のクンマー

氏の論文はラテン語で次の表題のもとに書かれている: De numeris complexis qui radicibus unitatis et numeris integris realibus constant. それに続く De unitatibus complexis という題のクロネッカー氏のものは, 特に 1 の複素約数を扱っている; これは 1845 年に書かれており, 著者は『クレレ』誌にさらに詳しくこの問題を論じると述べている. クンマー氏の論文は大変興味深いものであり, いままでフランスでは知られていなかったように思われるので, 少し前に印刷された, 同じ主題に関するラメ氏の論文に続いて, その全文を載せることにする. その他『クレレ』誌, ベルリン・アカデミーの紀要, また最後に, コーシー氏により拡張された研究を載せているわが科学アカデミーの紀要を参照すべきである. ここでは, 引合いに出した著者達がどの点で一致するかまたしないかも, かくかくの発見されたことの優先性に対する各々の権利についても調べる必要はない. それらの仕事を評価し, すべての物事をあるべき位置に置くのは時の役割である.

同僚に対するリューヴィルの苦慮ぶりがしのばれる. ラメは完全に黙り込んでしまったが, どういうつもりか, リューヴィルの雑誌に, クンマーの論文とともに自分の論文を掲載させている.

コーシーのほうは, まだあきらめずに, 次のようにぶつぶつ何やら文句をいいながらも, 論文を生産していった.

そのうちにクンマーの結果と関連づけると繰返し言明していたが,夏の終り頃には,彼も黙り込んでしまった.つまり,まったく別の分野の論文をなだれを打つように書き始めたのである:

　同じ集会でリューヴィル氏は複素多項式に関する,クンマー氏の仕事について話した.彼が話してくれたわずかばかりのことから判断するに,クンマー氏が到達した結論は,少なくも部分的には,上の考察で私自身導かれているのに気がついた結論と同じだということである.もしクンマー氏が解決に向けて数歩を進めたのなら,もし事実彼がすべての障害を取り除くことに成功したのなら,私は一番先にその努力に賛辞を送りたい;というのもわれわれが一番望まねばならぬことは,それは科学の友のすべての仕事が一緒になって,真理が知られ,広められるようになることだからである (*Comptes Rendus* 24, 1847, p. 877).

同封されたクロネッカーの論文は円分体の単数に関するものだった.ラメの論文のもう一つの欠陥が単数に対する考慮を欠いていることにあったから,クロネッカーの論文を送ることにしたのであろう.

§5. ラメの証明とその欠陥
ラメの証明の方針を述べよう.扱うすべての数は $Z[\zeta]$

の元,すなわち

$$a_0+a_1\zeta+\cdots+a_{p-1}\zeta^{p-1} \quad (a_0,a_1,\cdots,a_{p-1} \text{ は整数})$$

の形であるとする.

因数分解 (3.8) において

$$m_j = x+\zeta^j y \quad (j=0,1,2,\cdots,p-1)$$

とおく.

α がある i,j (ただし $j\not\equiv i \pmod{p}$ とする) に対して m_i, m_j の双方の約数ならば,α は実はすべての m_k を割り切る(補題 3.9 参照).そこで $m_0,\cdots,m_{p-1}$ の最大公約数を d とし,$m_j = dm_j'$ とすれば (3.8) から

$$d^p m_0' \cdots m_{p-1}' = z^p$$
$$\therefore \quad m_0' \cdots m_{p-1}' = (z/d)^p \tag{3.9}$$

しかも任意の $i,j \, (i\neq j)$ に対して

$$(m_i', m_j') = 1 \tag{3.10}$$

である.(3.9), (3.10) より各 j に対して

$$m_j' = \alpha_j^p$$

となる $\alpha_j \in \mathbb{Z}[\zeta]$ が取れる.このことから無限降下法を適用して矛盾を得るのだとラメは主張する.

補題 3.9 ある $i,k \, (\neq 0)$ に対して,α が $x+\zeta^i y$, $x+\zeta^{i+k}y$ の双方を割り切れば,α はすべての $x+\zeta^j y \, (j=0,1,\cdots,p-1)$ を割り切る.

証明 $x+\zeta^i y - (x+\zeta^{i+k}y) = \zeta^i(1-\zeta^k)y$ だから,α は $\zeta^i(1-\zeta^k)y$ を割り切る.

$$x+\zeta^{i+2k}y = (x+\zeta^{i+k}y)-\zeta^{i+k}(1-\zeta^k)y$$

だから，$x+\zeta^{i+2k}y$ も α で割り切れる．同様にして

$$x+\zeta^{i+jk}y \quad (j=0,1,\cdots,p-1)$$

はすべて α で割り切れる．ゆえに $x+\zeta^j y$ ($j=0,1,\cdots,p-1$) はすべて α で割り切れる．□

ラメの証明には少なくとも四つの問題点がある：

(1) $\boldsymbol{Z}[\zeta]$ における 2 数の最大公約数とは何か？

そもそも最大公約数の定義が整数の場合の拡張として定義できるか？ 言い換えれば，公約数に最大数があるような順序を入れられるか？ 結果は否定的である．

(2) $\alpha\beta$ が p 乗数で，α, β が公約数をもたないとき，α も β も p 乗数であることが結論できるか？

少なくも，素因数分解の一意性が必要であるが，$\boldsymbol{Z}[\zeta]$ ではそれは成り立つか？

(3) 単数についてはどう考えるのか？

$\boldsymbol{Z}$ では単数（1 の約数）は ± 1 だけであった．$\boldsymbol{Z}[i]$ では $\pm 1, \pm i$ だけであった．だが，たとえば $\boldsymbol{Z}[\sqrt{2}]$ では $\sqrt{2}+1$ は単数である．なぜなら $(\sqrt{2}-1)(\sqrt{2}+1)=1$ だからである．したがって $(\sqrt{2}+1)^n$ はすべて単数となり，$\boldsymbol{Z}[\sqrt{2}]$ には無数に単数があることになって，$\boldsymbol{Z}$ や $\boldsymbol{Z}[i]$ とははなはだ様子が違う．$\alpha\beta = \gamma^p$ かつ α, β は公約数がなく，しかも $\boldsymbol{Z}[\zeta]$ で素因数分解の一意性が成り立つとすれば，

$$\alpha = \varepsilon\alpha_0{}^p, \qquad \beta = \eta\beta_0{}^p \qquad (\varepsilon, \eta \text{ は単数で } \varepsilon\eta = 1)$$

と表わせる．この ε, η をどう扱うかが大問題である．

§5. ラメの証明とその欠陥

(4) どうやって無限降下法を適用するのか？

x, y, z は自然数である．得られた p 乗数 m_j' は自然数ではない．そのまま無限降下法を適用できるとは考えられない．x, y, z を $\mathbf{Z}[\zeta]$ の元とするところまで考えを発展させる必要があろう．

(1), (2), (3) の問題はすべてフェルマーの大定理，ひいては代数的整数論のその後の重要問題となっている．ラメやコーシーは，成功はしなかったが，通常の整数論から代数的整数論へ発展するおりに解決せねばならない問題点をあらいざらい公衆の面前にぶちまけたという点で，大きな役割を果たしたのである．後に述べるように，クンマーとてすんなりとこれらの難関を突破しえたのではなかった．

なお，理想数あるいはイデアルの概念を導入することによってクンマーが難関を突破したとは，通俗的数学史書によくいわれることであるが，実際には素元分解の一意性を仮定しても，単数に関する深い考察なくしては，大定理の第一の場合しか解決できないのである．また理想数の概念の導入だけではなく，類数の概念とその決定公式などなど，乗り越えねばならぬ難関は多々あり，クンマーがいかにしてこれらの難関を次々と突破していったかを語るのが次章の内容となるのである．

第4章
クンマーの金字塔

§1. 1844年まで

クンマーは1810年ドイツのシュレージエン地方の国境にあるゾラウというところで生まれた．3歳のとき父が死んだせいで，家庭は貧困であったという．大数学者にしばしば見られるように，語学に才能があって，特にラテン語が得意であった．

1828年，ハレ大学に入学した．最初は神学を学ぶつもりだったが，シャークという数学教授の影響で数学に転向した．1831年学位を得，次の年から10年間リーグニッツのギムナジウムで教えた．保守的な人柄であったが，講義は明快で，めんどう見もよく，学生間に非常な人気があった．これはギムナジウム以来引退するまで一貫していえることである．クロネッカーはギムナジウムの生徒である．クロネッカーとは師弟の間柄を越えて終生の友人となった．自分の発見やアイデアを，真っ先にクロネッカーに知らせている．

クンマーはディリクレには直接教わったことはないが，事実上の師はディリクレである．ディリクレとは最初の妻がいとこ同士という間柄でもあり，仲がよかったが，残さ

19世紀数学者（数論関係）生没年表

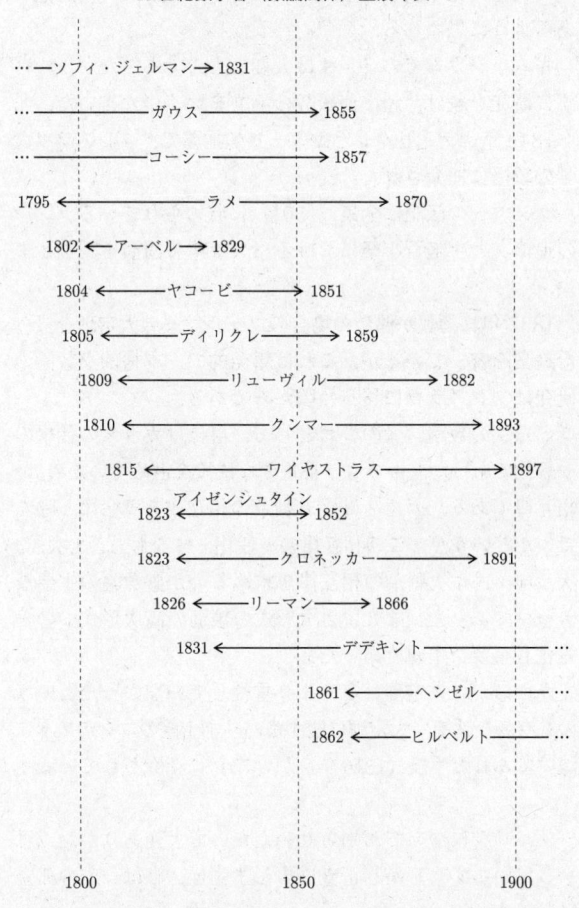

```
…―ソフィ・ジェルマン→ 1831

…――――――ガウス――――――→ 1855

…――――――コーシー――――――→ 1857

1795 ←―――――――ラメ―――――――→ 1870

  1802 ←―アーベル―→ 1829

  1804 ←―――ヤコービ―――→ 1851

  1805 ←―――ディリクレ―――→ 1859

    1809 ←―――――リューヴィル―――――→ 1882

    1810 ←―――――クンマー―――――――→ 1893

      1815 ←―――――ワイヤストラス――――――→ 1897

             アイゼンシュタイン
        1823 ←―――――→ 1852

        1823 ←―――クロネッカー―――→ 1891

         1826 ←―リーマン―→ 1866

           1831 ←―――――デデキント―――――…

                  1861 ←―ヘンゼル――…

                  1862 ←―ヒルベルト―…

1800              1850              1900
```

れた文書で見る限り,友人というよりは師としての遠慮があるように思われる.

ギムナジウムでのノルマは大変なものであったが,めげずに研究を続け,超幾何級数の論文をいくつか書いた.

1842 年,ディリクレとヤコービの推薦で,ブレスラウ大学の教授に任命された.

クンマーの伝記は全集([50])に収められているランペの追悼文と生誕百年祭におけるヘンゼルの講演を読むとよい.

1837 年に指数が偶数の場合のフェルマーの大定理を扱った論文を書いているが,これは単発的で,本格的な数論の研究はブレスラウに移った頃からである.

ドイツの数論学者のつねとして,目標はガウスの仕事の一般化であった.中でも一番重要な位置を占めていたのは,相互律である.ガウスは平方剰余の相互律を黄金律と呼んでいたというが,この相互律の一般化,すなわち,3 次,4 次,……,n 次剰余の相互律を求めるのが整数論の主要なテーマであった.また,2 次形式の類別の高次形式への一般化も重要な主題であった.

ガウスが「大定理」をあまり重視していなかったというのも有名な話で,大定理に関するパリ学士院のコンテストについてふれた手紙(1816 年)が [75] に紹介されている:

　　パリ賞についてお知らせいただいて大変ありがたく思っています.しかし正直に申しますと,私は一つの孤立

した問題としてはフェルマーの定理にほとんど興味を持っていません．と申しますのも，証明もできなければ，片もつけられないであろうこのような命題を，私は，いくらでも，簡単に作ってみせられるからであります．

高木貞治も [109] 中で，〈問題の事実そのものには何等の重要性も認められない〉と述べている．これが数学者の代表的な見解であろう．

クンマーもそういう雰囲気と伝統の中で育った人であった．彼は論文 [Allgemeine Reciprocitätsgesetze für beliebig hohe Potenzreste (1850)] の中で，一般相互律は数論の 'die Hauptaufgabe und die Spitze' であると述べており，論文 [55] の中でフェルマーの大定理を 'Curiosum' と呼んでいる．また，理想数を初めて公けにした論文 [53] は〈冪剰余，高次形式の研究で重要な役割を果たす複素数の理論を完全にし，単純にすることに私は成功した〉と書き出される．最初から「大定理」を目指したのではないことは明らかであろう．

次の逸話，すなわち，大定理の証明を一度は得たと思いこみ，ディリクレに見せたところ，その誤りを指摘され，さらに研究の結果，理想数の概念に到達した，という逸話は大変よく知られている．

この逸話を初めて伝えたのはヘンゼルらしい．クンマーの生誕百年祭でのヘンゼルの講演は『クンマー全集』の巻頭を飾っているが，その中にその話を披露する場面がある

([50], p.54)：

　おそらくあまり知られていないだろうが，完全に疑う余地のない証言によって，なかんずく数学者グラスマンに報告を受けたグンデルフィンガー氏の証言によれば，クンマーはこの奮闘の時期にフェルマーの大定理の完全な証明を実際に見つけたと信じて，$l=5$の場合の，比べるもののないほど美しい証明を与えたディリクレに，この問題の最善の審査者として原稿の鑑定を請うたのであった．数日してディリクレは次の意見をつけて返却した；証明はまったく卓抜であり，確かに正しい，ただし，1の冪根で表わされた数が，君の証明したように，既約因子に分解されるばかりではなく，これがただ一通りに可能であるならば，の話だが．

この逸話はもともとクンマーの労苦を思いやり，結果としてその偉業を称えるために話されたものだが，60年以上も経って公開されただけに，事実関係の誤認があったらしい．

ガウスの後を継ぐドイツの数論学者が，素因数への一意的分解の問題でつまずくはずがないと考えたエドワーズは熱心にこの問題を追求した（[12]，[13]）．

何らかの大失敗をクンマーがやらかしたことはアイゼンシュタインのシュターンへ宛てた次の手紙で明らかである：

クンマー教授は彼の複素数に関する美しい理論を幸いエンケを通じて学士院から取り戻すのに間に合いました；というのも，私だったら一つでも（証明できたなら）気が狂ってしまうような革命的な代物だったのです．云々

その後，それが素因数分解に関係する論文であることが明確に述べられており，こんなことが正しいのなら数論の全理論が一挙に証明されてしまうが，〈しかし，この定理はまったく間違いであり，まったく新しい原理が適用されねばならない〉と結んでいる．

この手紙文から，二つのことが解る．中にヤコービも同意見だと書いてあるが，少なくもアイゼンシュタインやヤコービは円分整数に素元分解とその一意性が成立しないことをはっきりと知っていたことが解る．そしてこれらドイツの数学者達の間で，素元分解とその一意性の重要性が明確に認識されていたことも解る．何も「大定理」に関してのみ素元分解が必要なのではないのである．もう一つ，フェルマーの大定理については一言もふれていないのは，もし論文が少なくも大定理に関する記述を含んでいたのなら，アイゼンシュタインの揶揄はさらに痛烈をきわめたであろうと考えられることから，不思議ないし不自然である．

この手紙の存在をヴェイユから教わったエドワーズはベルリン科学アカデミーへ手紙を書いて，万一にも，クンマーの印刷されなかった論文が公文書類保管庫に残されてないか尋ねてみた．すると，奇蹟といっていいだろう，論文そ

のものが，著者の願いで出版されずに，そのまま保存されていたのである！

この日の目を見なかった論文の題名は

Über die complexen Primfactoren der Zahlen, und deren Anwendung in der Kreistheilung, April 1844

である．エドワーズの論文 [13] に付録として全文掲載されている．提出する前に仲のいいディリクレに見てもらっていれば，こんなことは起こらなかったのだろうが，ディリクレは当時イタリアに旅行中だったらしい．

論文の内容は，l を素数とし K を 1 の l 乗根を添加した体とするとき，$p \equiv 1 \pmod{l}$ なる素数 p はすべて K において素元の積として一意的に表わされるということを主張するものである．

この誤りを指摘したのはヤコービである．ディリクレに宛てたヤコービの手紙の中でそのことが述べられている．$l = 23$ では上の命題は成立しないことをヤコービは例をあげて示したのである．

クンマーの間違いは実に下らぬ間違いだが，どうも厖大な実例を持っていることが災いしたらしい．実際，上の論文を修正したもの（[51]）が直ちに出されるが，それは，$l \leq 19$, $p < 1000$ の範囲の素数 p の素元分解の表と $l = 23$ の場合の反例とを含んでいる．これは一カ月やそこらでできる計算量ではないのである．

クンマーに関する逸話を以上の史実に基づいて再構成す

§1. 1844年まで

ると，次のようになろう：

1843年頃，ヤコービの相互律に関する結果をさらに発展させるために，円分整数の因数分解について研究していたクンマーは厖大な実例にまどわされて，1844年に $p \equiv 1 \pmod{l}$ ならば p は素元分解されてしまう（既約元の積としては一意的に表現される）と誤信し，証明を提出してしまう．ディリクレが不在だったために，事前にチェックされなくて，ヤコービによって誤りが指摘される．おそらくは自分でもすぐに気がついたことであろう．あわてて，取下げを申し込むとともに，実例の計算を $l=23$ のところにまで拡張する．仕方がないから，その実例集を論文としてあまり有名でない雑誌に載せる．しかし，自分の手法を冷静に見直すと，素因数が実際に存在するのではなくても，素因数分解とその一意性が，部分的にではあるが回復されることに思い到る．これが，1845年のことである．論文としては1846年に発表される．そしてこの成果はガウスの形式類を簡素化し，さらに一般化するものであったが，フェルマーの大定理，相互律の一般化などの重要問題に影響を持つことが解っていたので，以後これらの仕事に打ち込む．相互律のほうはあまりうまく行かなくて，まずフェルマーの大定理に関していまでは有名になっている定理を証明する．これが1845年頃のことである．そしてディリクレを通じて，パリでの事件を知り，リューヴィルに手紙を書くのである．

第3章で指摘したように，素元分解ばかりでなく単数に

関する深い考察がなければ,大定理の証明はできないから,フェルマーの大定理の証明を誤ってしたというのは事実に反することであろう.パリにおける事件とクンマー自身の失敗とがゴッチャになって,ヘンゼルの伝える逸話が生まれたのだと思われる.

理想数を発明してからのクンマーの仕事はまるで奔流のごとくで,因子類群の有限性証明,単数群の構造,類数公式,第一因子と第二因子の関係,p 進数の導入,ベルヌーイ数の研究などが続々と生まれるのである.

§2. 円分整数

クンマーの仕事を一通り理解するためには,前章で見たように,1の冪根から作られる複素数の基本性質を心得ておかねばならない.クンマーは与えられた定まった奇素数を表わすのに λ,1の λ 乗根を表わすのに α を用いているが,われわれはかわりに l, ζ を用いることにする.p は一般の素数を表わすために取っておくのである.

l によって固定された奇素数を表わす.ζ を1の原始 l 乗根の一つ,たとえば $\zeta = e^{2\pi i/l}$ とする.すると,1の l 乗根は $1, \zeta, \zeta^2, \cdots, \zeta^{l-1}$ で尽くされる.1以外の根はすべて1の原始 l 乗根である.

$$\zeta^i = \zeta^j \iff i \equiv j \pmod{l} \tag{4.1}$$

は明らかであろう.この性質から $k \not\equiv 0 \ (l)$ のとき

$$\{1, \zeta^k, \zeta^{2k}, \cdots, \zeta^{(l-1)k}\} = \{1, \zeta, \zeta^2, \cdots \zeta^{l-1}\}$$

が成り立つことが解る.したがって特にある j を取ると

$$\zeta^{jk} = \zeta$$

となるようにできることがいえる．

$Z[\zeta]$ でもって

$$a_0 + a_1\zeta + \cdots + a_{l-1}\zeta^{l-1} \quad (a_0, a_1, \cdots, a_{l-1} \in Z)$$

という形の複素数の全体を表わす；

$Z[\zeta] = \{a_0 + a_1\zeta + \cdots + a_{l-1}\zeta^{l-1} \mid a_0, a_1, \cdots, a_{l-1} \in Z\}$

$Z[\zeta]$ の元を（指数 l に対する）円分整数と呼ぶことにしよう．l は固定しているから，〈指数 l に対する〉という限定詞は省略することにしよう．

$Q(\zeta)$ でもって

$$a_0 + a_1\zeta + \cdots + a_{l-1}\zeta^{l-1} \quad (a_0, a_1, \cdots, a_{l-1} \in Q)$$

の全体を表わす：

$Q(\zeta) = \{a_0 + a_1\zeta + \cdots + a_{l-1}\zeta^{l-1} \mid a_0, a_1, \cdots, a_{l-1} \in Q\}$

$Q(\zeta)$ は円の l 分体，略して円分体と呼ばれるが，クンマーは円分整数しか扱わないから，$Q(\zeta)$ はほとんど必要ではない．

$Z[\zeta]$ は環をなし，$Q(\zeta)$ は体をなす．つまり $Z[\zeta]$ は加・減・乗の三算で閉じており，$Q(\zeta)$ はこの三演算の他に，0以外の数での除法に関しても閉じている．

乗法で閉じていることは，$\zeta^l = 1$ を用いて高い冪がいつも $l-1$ 以下の冪に落せることから明らかである．$Q(\zeta)$ が0でない除法で閉じていることを示すにはちょっとした工夫がいるが，本題からずれるので証明しない．

代数的整数論の用語でいえば $Z[\zeta]$ は $Q(\zeta)$ の極大整環，すなわち，$Q(\zeta)$ に含まれる代数的整数の全体である．（整

係数の方程式の根となる複素数を代数的数という．とくに，最高次の係数を1とできるとき，代数的整数という．）この事実がクンマーに幸いしたことは確かである．たとえば $\boldsymbol{Q}(\sqrt{-3})$ の場合，極大整環は $\boldsymbol{Z}[\sqrt{-3}]$ ではない．

$$-\frac{1}{2}+\frac{1}{2}\sqrt{-3}$$

も代数的整数だからである．（実際，この数は $x^2+x+1=0$ を満たす．）

$$\zeta^l-1=(\zeta-1)(\zeta^{l-1}+\cdots+\zeta+1)=0$$

で，$\zeta\neq 1$ だから

$$1+\zeta+\cdots+\zeta^{l-1}=0 \tag{4.2}$$

が成り立つ．したがって $\boldsymbol{Z}[\zeta]$ の元の $1,\zeta,\cdots,\zeta^{l-1}$ の一次結合による表示は一意的ではない．つまり，0が上のように別の表示をもつからである．$1,\zeta,\cdots,\zeta^{l-2}$ によって表示すれば一意的になるが，対称性を重んじて，言い換えれば表示の一意性を犠牲にして，$\boldsymbol{Z}[\zeta]$ の元を $1,\zeta,\cdots,\zeta^{l-1}$ の一次結合で表わすことが多い．

多項式 $X^{l-1}+\cdots+X+1$ は既約多項式だから，そして ζ はその零点，つまり (4.2) が成り立つから，(4.2) 以外の，$l-1$ 次以下の関係式は存在しない．すなわち $f(X)$ を整係数多項式とし，$f(\zeta)=0$ ならば，$f(X)$ は $X^{l-1}+\cdots+X+1$ で割り切れるのである．したがって特に

$$a_0+a_1\zeta+\cdots+a_{l-1}\zeta^{l-1}=0$$
$$\Longrightarrow a_0=a_1=\cdots=a_{l-1} \tag{4.3}$$

が成り立つのである．

クンマーは $Z[\zeta]$ の元を表わすのに $f(\zeta), \phi(\zeta)$ などの記号を用いている．たとえば
$$f(\zeta) = a_0 + a_1\zeta + \cdots + a_{l-1}\zeta^{l-1}$$
のとき，$j \not\equiv 0 \pmod{l}$ に対して，
$$f(\zeta^j) = a_0 + a_1\zeta^j + \cdots + a_{l-1}(\zeta^j)^{l-1}$$
であるとする．これは $f(\zeta)$ の表示法によらず定まる値である．

円分整数 $f(\zeta), f(\zeta^2), \cdots, f(\zeta^{l-1})$ を $f(\zeta)$ の**共役数**，または**共役元**と呼ぶ．$f(\zeta)$ のノルムというものを
$$Nf(\zeta) = f(\zeta)f(\zeta^2)\cdots f(\zeta^{l-1})$$
で定義する．つまりノルムとは共役数の積である．

ノルムは負でない整数になることが簡単に証明される．また円分整数が単数である条件はそのノルムが1となることである．

例題 $l=5$ とする．$5\zeta^3 + 3\zeta^2 + 6\zeta + 6$ は $3\zeta^3 + 4\zeta^2 + 7\zeta + 1$ で割り切れることを示し，その商を求めよ．

解 $f(\zeta) = 3\zeta^3 + 4\zeta^2 + 7\zeta + 1$,
　　　$h(\zeta) = 5\zeta^3 + 3\zeta^2 + 6\zeta + 6$
とおく．
$$\begin{aligned}Nf(\zeta) &= f(\zeta)f(\zeta^2)f(\zeta^3)f(\zeta^4) \\ &= f(\zeta)f(\zeta^4) \cdot f(\zeta^2)f(\zeta^3)\end{aligned}$$
と考えて，まず $f(\zeta)f(\zeta^4)$ を計算する．

この計算は下のようにやる（どういう仕組みなのかを考

えていただきたい).

$$f(\zeta^4) = 3\zeta^{12}+4\zeta^8+7\zeta^4+1 = 7\zeta^4+4\zeta^3+3\zeta^2+1$$

0	3	4	7	1
7	4	3	0	1
0	3	4	7	1
12	21	3	0	9
28	4	0	12	16
7	0	21	28	49
47	28	28	47	75
= 19	0	0	19	47

結局
$$f(\zeta)f(\zeta^4) = 19\zeta^4+19\zeta+47$$
である.$\theta_0 = \zeta+\zeta^4, \theta_1 = \zeta^2+\zeta^3$ とおけば
$$f(\zeta)f(\zeta^4) = 19\theta_0+47$$
したがって
$$f(\zeta^2)f(\zeta^3) = 19\theta_1+47$$
である.
$$\theta_0+\theta_1 = -1, \quad \theta_0\theta_1 = -1$$
を用いると $Nf(\zeta) = 955$ を得る.

次に $h(\zeta)f(\zeta^2)f(\zeta^3)f(\zeta^4)$ を計算する.上の計算から
$$f(\zeta^2)f(\zeta^3) = 19\zeta^3+19\zeta^2+47$$
$$f(\zeta^2)f(\zeta^3)f(\zeta^4) = 206\zeta^4+27\zeta^3+113\zeta^2+29\zeta$$
$$\therefore\ h(\zeta)f(\zeta^2)f(\zeta^3)f(\zeta^4) = 955\zeta^4+955\zeta^2+955$$
$$= 955(\zeta^4+\zeta^2+1)$$

$Nf(\zeta) = 955$ だから $h(\zeta)$ は $f(\zeta)$ で割り切れ，商は $\zeta^4 + \zeta^2 + 1$ である．□

定理 4.1 $1-\zeta$ は $\mathbf{Z}[\zeta]$ の素元である．また
$$N(1-\zeta) = N(\zeta-1) = l \tag{4.4}$$
が成り立つ．したがって $1-\zeta$ は l の約元である．

証明 $X^{l-1} + \cdots + X + 1 = (X-\zeta)(X-\zeta^2)\cdots(X-\zeta^{l-1})$
に $X=1$ を代入すると
$$l = (1-\zeta)(1-\zeta^2)\cdots(1-\zeta^{l-1}) = N(1-\zeta)$$
を得る．これで後半の主張が得られた．

$1-\zeta$ が素元であることを示すために，
$$f(\zeta)g(\zeta) \equiv 0 \pmod{1-\zeta}$$
と仮定する．$f(\zeta) \equiv f(1) \pmod{1-\zeta}$ は明らかだから，
$$f(1)g(1) \equiv 0 \pmod{1-\zeta}.$$
ゆえに
$$f(1)g(1) \equiv 0 \pmod{l}.$$
l は素数だから $f(1) \equiv 0$ または $g(1) \equiv 0 \pmod{l}$ である．ゆえに $f(1) \equiv 0$ または $g(1) \equiv 0 \pmod{1-\zeta}$ である．したがって $f(\zeta) \equiv 0$ または $g(\zeta) \equiv 0 \pmod{1-\zeta}$ となって，$1-\zeta$ は素元であることが証明された．□

$j \not\equiv 0 \ (l)$ とする．
$$1 - \zeta^j = (1-\zeta)(1 + \zeta + \cdots + \zeta^{j-1}).$$
次に，i を $ij \equiv 1 \ (l)$ なる整数とすると

クンマー

$$1-\zeta = 1-\zeta^{ji} = (1-\zeta^j)(1+\zeta^j+\cdots+\zeta^{j(i-1)})$$
$$\therefore\ (1+\zeta+\cdots+\zeta^{j-1})(1+\zeta^j+\cdots+\zeta^{j(i-1)}) = 1$$

したがって $1+\zeta+\cdots+\zeta^{j-1}$ は単数であることが解る。これにより

$$l = N(1-\zeta) = u(1-\zeta)^{l-1}, \quad u\text{ は単数} \tag{4.5}$$

という分解が $\mathbf{Z}[\zeta]$ でできる．つまり $1-\zeta$ は l のただ一つの素因数である．

系 4.2 α を円分整数とすると
$$N\alpha \equiv 0 \quad \text{または} \quad N\alpha \equiv 1 \pmod{l}$$

証明 $N\alpha \not\equiv 0$ とする．$\alpha = f(\zeta)$ とする．$\zeta^j \equiv 1 \pmod{1-\zeta}$ だから

$$f(\zeta) \equiv f(1), \cdots, f(\zeta^{l-1}) \equiv f(1) \pmod{1-\zeta}$$
$$\therefore\ Nf(\zeta) \equiv f(1)^{l-1} \pmod{1-\zeta}, \text{ ゆえに } \pmod{l}$$

$f(1) \equiv 0$ とすれば $f(\zeta) \equiv 0 \ (1-\zeta)$ となり，$\alpha \equiv 0$. $\therefore\ N\alpha$

$\equiv 0$. ゆえに $f(1) \not\equiv 0$ であるから，フェルマーの小定理によって $f(1)^{l-1} \equiv 1 \pmod{l}$ だから，$Nf(\zeta) \equiv 1 \pmod{l}$ である． □

§3. $p \equiv 1 \pmod{l}$ なる素数の分解

一番簡単な（ただの整数ではない）円分整数は $a+b\zeta^j$ の形である．クンマーはラグランジュの分解式の研究のためにこの形の円分整数を扱ったのであるが，

$$x^l + y^l = (x+y)(x+\zeta y)\cdots(x+\zeta^{l-1}y)$$

なのだから，$x+\zeta^j y$ という円分整数はフェルマーの大定理の研究にとっても大いに意義がある．そこで本節では $a+b\zeta^j$ の約数となるような素元を調べることにする．

$j=1$，すなわち $a+b\zeta$ の場合を考えればよいことは，他のものはこれと共役なことから明らかである．また a と b とは互いに素であるとしておく．

π が $a+b\zeta$ を割り切る素元であるとしよう：

$$a+b\zeta \equiv 0 \pmod{\pi} \tag{4.6}$$

π が割り切る素数（それは一つしかない）を p で表わす．$\pi | b$ なら $\pi | a$ ともなり，$(a,b)=1$ に反するから，$\pi \nmid b$，よって $p \nmid b$ である．そこで $bb' \equiv 1 \pmod{p}$ となる b' を取って $k = -ab'$ とおけば，(4.6) より

$$\zeta \equiv k \pmod{\pi} \tag{4.7}$$

を得る．つまり法 π の剰余類がすべて整数で代表されるのである．したがって $p=l$ または $p \equiv 1 \pmod{l}$ となることが円分体論を知る読者には解るであろう．（p が $\boldsymbol{Q}(\zeta)$ で

完全分解するからである．）また $N\pi = p$ であって，これが p の $\mathbf{Z}[\zeta]$ における素元分解を与えている．

さらに次の定理が成立する：

定理 4.3 π を $a+b\zeta$, ただし $(a,b)=1$, を割り切る素元とする．また π は素数 p を割り切るとする．すると (4.7) を満たす整数 k が存在し，円分整数 $f(\zeta), g(\zeta)$ に対して
$$f(\zeta) \equiv g(\zeta) \pmod{\pi}$$
$$\iff f(k) \equiv g(k) \pmod{p} \tag{4.8}$$
が成り立つ．

この証明はやさしい．いままで述べたことの逆が成り立つ：

定理 4.4 π をノルムが素数であるような円分整数とすると，π は素元であって，$a+b\zeta^j$ なる形の円分整数を割り切る（したがって π の共役元の中には $a+b\zeta$ を割り切るものがある）．

この定理は数のノルムと剰余類の数との関係 $N\pi = N(\pi)$ を知っていれば直ちに解るが，クンマーの時代の水準で証明するのはなかなか大変なことである．

以上によって，$p \equiv 1 \pmod{l}$ なる素数 p の素元分解は $a+b\zeta$ という形の円分整数の約数だけを捜すことによって行なわれるのである．

§3. $p \equiv 1 \pmod{l}$ なる素数の分解

しかも $f(\zeta)$ が π で割れるかどうかは $f(k)$ が p で割れるかどうかで決定する。問題は，π が与えられているのでないときに (4.7) の k をどうやって求めるかであるが，それは次の通りである．

$\zeta^l = 1$ より (4.8) を用いて

$$k^l \equiv 1 \pmod{p} \qquad (4.9)$$

を得る．この合同式の解は l 個あるが，$k \equiv 1 \pmod{p}$ は $p = l$ の場合に対応するから，これを除いて，$l-1$ 個ある．これらは一つの m とその冪 $m, m^2, \cdots, m^{l-1}$ で尽くされる．

結局，p の素因数は，$\zeta - m^j$ の形の円分整数の約数となっているはずだということが解る．

クンマーはこの事実を用いて $l \leq 19$，$p < 1000$ の範囲で素元分解を敢行するのである．それが論文 [51] である．

一例として，$l = 7$ の場合に素数 $p = 29$ の素元分解を考えてみよう：

求める素元があるとして π とする．$\zeta \equiv k \pmod{\pi}$ となる k は $k^7 \equiv 1 \pmod{29}$ を満足する．この解 $(\neq 1)$ は

$$-4, \quad (-4)^2 \equiv -13, \quad (-4)^3 \equiv -6,$$
$$(-4)^4 \equiv -5, \quad (-4)^5 \equiv -9, \quad (-4)^6 \equiv 7$$

である．π と共役なもののなかには $\zeta \equiv -4 \pmod{\pi^{(j)}}$ となるものがあるから，最初から $\pi^{(j)}$ を π とする：$\zeta \equiv -4\ (\pi)$．

$$(-4)^4 - (-4)^3 - 1 \equiv -5 + 6 - 1 \equiv 0 \quad (29)$$

だから $f(\zeta) = \zeta^4 - \zeta^3 - 1$ とおけば

$$f(\zeta) \equiv 0\ (\pi) \iff f(-4) \equiv 0\ (29)$$

だから，$f(\zeta)$ は π で割り切れる．$Nf(\zeta)$ を計算して，

$Nf(\zeta)=29$ を得る．したがって $f(\zeta)$ が 29 の素因数である．

ノルムは連鎖律が成り立つからいくらか計算は簡略化されるとはいうものの，$l=19$ や 23 となれば大変な計算量に達する．さらに上の方法には僥倖も必要である．つまりノルムを計算して p にならなくて，その倍数になってしまえば，別の円分整数を捜さねばならないのである．

クンマーという人はよほど計算の好きな人だったらしく，この論文の計算から始まって類数の計算に到るまで終生計算を続けたのであった．

さて，この方法で素元分解するのは $l=23$ に到って破綻する．つまり次の命題が成り立つのである．

命題 4.5 $l=23$ とする．このとき 47 はいかなる円分整数のノルムにもならない．したがって，47 は素元分解が不可能である．

証明（円分体の理論を用いる） $\boldsymbol{Q}(\zeta)$ に含まれる 2 次体は $\boldsymbol{Q}(\sqrt{-23})$ である．$L=\boldsymbol{Q}(\zeta), K=\boldsymbol{Q}(\sqrt{-23})$ とおく．

$f(\zeta)$ を円分整数とすると，ノルムの連鎖律によって
$$Nf(\zeta)=N_{K/\boldsymbol{Q}}N_{L/K}f(\zeta).$$
$N_{L/K}f(\zeta)\in K$ であるが，$f(\zeta)$ は円分整数だから，$N_{L/K}f(\zeta)$ は K の整数，したがって $a+b\omega$, $a,b\in\boldsymbol{Z}$ の形に表わせる．ここに $\omega=\dfrac{1+\sqrt{-23}}{2}$ である．

$$\therefore \quad Nf(\zeta) = N_{K/\mathbf{Q}}(a+b\omega) = (a+b\omega)(a+b\omega')$$
$$= a^2 + ab(\omega+\omega') + b^2\omega\omega' = a^2 + ab + 6b^2$$

$47 = a^2 + ab + 6b^2$ とすると $4 \cdot 47 = 4a^2 + 4ab + 24b^2 = (2a+b)^2 + 23b^2$. ところが $188 - 23b^2$ は $b = \pm 1$ のとき 165, $b = \pm 2$ のとき 96, $b = \pm 3$ のとき -19, 以下は負となり, したがって平方数とはなりえない. □

$p < 1000$ で $p \equiv 1 \pmod{23}$ をみたす8個の素数のうち, 3個についてクンマーは $N\pi = p$ となる π を与え, 5個についてはノルムの値とはならないことを示している.

素元のかわりに既約元で同じことを表現すると次のようになる.

クンマーは上の5個の素数 p について,

(1) $h(\zeta^{-1}) = h(\zeta)$;

(2) $h(\zeta)$ の $\zeta \longmapsto \zeta^4$ という置換を続けて行なった11個の共役元の積は p, となる円分整数 $h(\zeta)$ を与えている. したがって $Nh(\zeta) = p^2$ である ($4^{11} \equiv 1 \ (23)$, $4^j \not\equiv 1 \ (23)$ $(j < 11)$ に注意). (2) は
$$p = h(\zeta)h(\zeta^4)h(\zeta^{-7})h(\zeta^{-5})h(\zeta^3)h(\zeta^{-11}) \cdot$$
$$h(\zeta^2)h(\zeta^8)h(\zeta^9)h(\zeta^{-10})h(\zeta^6)$$
を意味している. そこで p が 47 と 139 の場合を考えてみよう. すると $47 \cdot 139$ が 22 個の円分整数の積として表わせる. また一方, クンマーの手法によって
$$N(1 - \zeta + \zeta^{21}) = 47 \cdot 139$$
が計算される. つまり, $k^{23} \equiv 1 \ (47)$, $k \not\equiv 1 \ (47)$ を用い

て, $k \equiv 4 \pmod{47}$ を一例として取る. $1-4+4^{21} \equiv 1-4+3 \equiv 0\ (47)$ だから, $\zeta-4$ の約元として, $1-\zeta+\zeta^{21}$ が試みられる. そこでノルムを計算して $47 \cdot 139$ を得るのである.

かくして $47 \cdot 139$ を分解する二つの方法が存在することになる. 第一の方法の各因数はノルム 47^2 または 139^2 をもつ. 第二の方法の各因数は $47 \cdot 139$ をノルムとしてもつ. 47 と 139 はノルムになりえないのだから, これらの各因数はすべて既約元である. したがって $47 \cdot 139$ は二通りの既約元分解を持つのである.

素元分解ができない数があることは悲劇であったが, このクンマーの開発した計算方法はおもしろい可能性を秘めていた.

p を割る素元が未知だとしても, さらにはそんなものはないかもしれないとしても, 上に出てきた k, すなわち (4.9) を満たす k をとって $f(k) \equiv 0 \pmod{p}$ のとき $f(\zeta)$ が何やら $\mathfrak{p}_1$ とでも書かれるもので割れると決めたらどうなるか? 同様に $k^2, \cdots, k^{l-1}$ に対しては $\mathfrak{p}_2, \cdots, \mathfrak{p}_{l-1}$ と書くのである. すると p には $l-1$ 個の素因数 $\mathfrak{p}_1, \cdots, \mathfrak{p}_{l-1}$ があることになるではないか. クンマーはこのような道を歩いて理想数の概念へと到達するのである.

この巨大にして決定的な一歩を踏み出す前にクンマーは $p \not\equiv 1 \pmod{l}$ なる場合の研究を行なう. その成果が1846年の論文 [52] である. $p \not\equiv 1 \pmod{l}$ の場合は仮に p を割り切る素元 π が存在するとしても, π を法とする剰余類

§3. $p \equiv 1 \pmod{l}$ なる素数の分解

が必ずしも整数で代表されないから話が複雑になる。クンマーはガウスが DA で開発した円分整数論を駆使して理想数論の基礎を築く。

論文の中に「理想数」が初めて登場するのは1847年の論文 [53] だが，すでに，1845年10月に書かれたクロネッカーへの手紙にその基本的な考え方が詳しく述べられている．また1846年6月のクロネッカーへの手紙の中では，理想数のことを，ディリクレやヤコビには，〈単独では取り出しえない物質〉として，いつも化学的比喩を用いて説明しているのだと述べている．

ヴェイユの解説（[50]）によればこうである：

そして，ついに1845年10月18日付の決定的な，意気揚々たる手紙が出る．その中でクンマーは，〈主に自分自身の考えの中に明快さを獲得するために〉彼が踏み出したばかりの巨人的第一歩をクロネッカーに向かって述べるのである．もはや複素数の痛ましい振舞いをなげき悲しむ必要はない；数学者は，分離できないと知りつつも，フッ素（Fluor）のような元素を導入する化学者の大胆さを真似るべきである．複素数を作り上げている既約因子は実在するものである必要はない；それを数として分離できないかもしれないが，それでもなおそれはそこに存在するのである．それが「理想数」なのだ．

Fluor という言葉は [54] に現われる．フッ素は当時単

体として分離できていなかったのである．クンマーは何回となくこのような化学におけるアナロジーと，4次剰余の理論におけるガウスによるガウスの整数の導入とのアナロジーを強調している．なかなか人に受け入れにくい概念であったことが，よく解るのである．

§4. 理想数の定義

クンマーの時代には，同値類別，ないしは準同型写像といった便利な概念が十分に発達していなかった．それが，理想数を解りにくくした一因である．しかも理想数という用語がそもそも誤解のもとで，いかなる意味でもこれは「数」ではないのである．

さて [53] において概略が紹介され，続く [54] で詳細な説明を与えられた理想数の概念は現今の因子 (divisor) の概念にきわめて近いので，一般化した形で簡潔に述べることにしよう．なお，クンマーの理想数は現代代数学の立場から言えば，ちょうど付値の延長理論そのものであって，証明もそのまま通用することが [1] において明らかにされている．

定義 4.6 K を代数体とし，p を素数とする．K の代数的整数 Ψ が次の条件 (1),(2) を満たすとき，(p,Ψ) は p の素因子 $\mathfrak{p}$ を定めるという：

(1) $\Psi \not\equiv 0 \pmod{p}$,

(2) K の任意の代数的整数 α, β に対して

$$\alpha\beta\Psi \equiv 0 \pmod{p}$$

ならば

$\alpha\Psi \equiv 0 \pmod{p}$ または $\beta\Psi \equiv 0 \pmod{p}$.

代数的整数 α, β が p の素因子 $\mathfrak{p}$ を法として合同とは

$$\alpha\Psi \equiv \beta\Psi \pmod{p}$$

が成り立つときにいわれる．記号として

$$\alpha \equiv \beta \pmod{\mathfrak{p}}$$

をあてる：

$$\alpha \equiv \beta \pmod{\mathfrak{p}} \iff \alpha\Psi \equiv \beta\Psi \pmod{p}$$

ここで K がとくに円分体であればクンマーの理想数を現代的に定義しなおしたものになる．クンマーは定義 4.6 の Ψ を具体的に構成している．クンマーは Ψ をかけて法 p で考えることを，試薬を用いて想像上の物質を沈澱させることにたとえているのである．クンマーのまずかった点は，上の $\mathfrak{p}$ というような記号を一切用いなかったことにもある．たとえば合同の記号 $\equiv$ があるとないとでは大違いなのと同様，そしてまたさらに，本書で力説してきたように，言葉がない概念は考え難いのと同様，記号は数学的概念を特化するから，クンマーが記号を用いなかったという点は一つの欠点といえよう．

当時の数学者が問題としたのは，理想数とは何なのか？実体がないではないか，ということであったろう．だからこそクンマーは繰り返し，化学とのアナロジー，また虚数を用いる大胆さを力説したのであろう．実際は理想数とは

単なる同値関係にすぎないのである．上の記号でいえば $\mathfrak{p}$ そのものに実体があるわけではないのである．

定理 4.7 定義 4.6 のような p の素因子を $\mathfrak{p}$ とすると次が成り立つ：

（1）関係 $\alpha \equiv \beta \pmod{\mathfrak{p}}$ は同値律を満たす．

（2）同値類の間には自然な方法で和と積が定義できて p^f 個の元をもつ体をなす．

（3）$\mathbf{Z}/(p)$ がこの体に埋蔵されている．すなわち
$$a \equiv b \pmod{p} \iff a \equiv b \pmod{\mathfrak{p}}$$
が任意の整数 a, b に対して成り立つ．

証明はしない．同値類が有限整域をなすことをいえばよいのだが，

$\alpha\beta \equiv 0 \pmod{\mathfrak{p}} \Longrightarrow$

$\alpha \equiv 0 \pmod{\mathfrak{p}}$ または $\beta \equiv 0 \pmod{\mathfrak{p}}$ （4.11）

を導く以外は自明である．

なお，p を割り切る素元 π が存在する場合は，素因子 $\mathfrak{p}$ を適当に定めると

$\alpha \equiv \beta \pmod{\pi} \iff \alpha \equiv \beta \pmod{\mathfrak{p}}$

が成り立つようにできる．

最後に，円分体の場合に p の上にある素因子の個数を決定する定理を掲げる：

定理 4.8 $p^f \equiv 1 \pmod{l}$ となる最小の自然数 f を取

り，$fg = l-1$ によって g を決めると，円分体 $K = \boldsymbol{Q}(\zeta)$，$\zeta$ は1の原始 l 乗根，においては，p の上にある相異なる素因子は，ちょうど g 個ある．これらを $\mathfrak{p}_1, \cdots, \mathfrak{p}_g$ とすれば，任意の円分整数 α に対して

$\alpha \equiv 0 \pmod{p} \iff \alpha \equiv 0 \pmod{\mathfrak{p}_j}, j = 1, 2, \cdots, g$

が成り立つ．

以上により，素数 $p\ (\neq l)$ の上には素因子が g 個あり，各素因子による $\boldsymbol{Z}[\zeta]$ の剰余類は p^f 個の元をもつ体となることが解ったのである．

§5. 因子の定義

この節で円分体の因子を定義するが，一般の代数体にも簡単に拡張されることは容易に解るであろう．

定義 4.9 $\mathfrak{p}$ を (p, Ψ) によって定まる円分体 K の素因子とする．円分整数 α が $\mathfrak{p}$ の n 乗 $\mathfrak{p}^n$ で割り切れるとは，$\alpha \Psi^n$ が p^n で割り切れるときにいう．記号では，

$\alpha \equiv 0 \pmod{\mathfrak{p}^n} \iff \alpha \Psi^n \equiv 0 \pmod{p^n}$

α が $\mathfrak{p}^n$ で割り切れるが，$\mathfrak{p}^{n+1}$ では割り切れないとき，α はちょうど $\mathfrak{p}^n$ で割り切れるという．

素数 p は $\mathfrak{p}\ (=\mathfrak{p}^1)$ でちょうど割り切れることはすぐに解る．

あとは l を割り切る素因子をも含めれば，素因子の冪の

定義は終る：

定義 4.10 $Z[\zeta]$ における素因子とは，
(1) ある p ($\neq l$) の g 個の素因子の一つ，
か，または
(2) l の素因数 $1-\zeta$
か，をいう．

0 でない円分整数 α を割り切るすべての素因子（有限個しかない）を $\mathfrak{p}_1, \cdots, \mathfrak{p}_r$ とする．これらがそれぞれ α を $\mathfrak{p}_1{}^{n_1}, \cdots, \mathfrak{p}_r{}^{n_r}$ でちょうど割り切るとき形式 $\mathfrak{p}_1{}^{n_1}\cdots\mathfrak{p}_r{}^{n_r}$ を α から定まる**主因子**といって (α) で表わす：
$$(\alpha) = \mathfrak{p}_1{}^{n_1}\cdots\mathfrak{p}_r{}^{n_r}$$
$\mathfrak{p}_1, \cdots, \mathfrak{p}_r$ を任意の素因子，$n_1, \cdots, n_r$ を負でない整数として，形式 $\mathfrak{p}_1{}^{n_1}\cdots\mathfrak{p}_r{}^{n_r}$ を**因子**という．

二つの因子間の約因子，倍因子，積，互いに素などの定義は自然に行なわれるので，いちいち書かない．とくに，円分整数 α, β は，主因子 $(\alpha), (\beta)$ が互いに素のとき，互いに素であると定義されることを注意しておく．

定義によって因子の素因子分解の一意性は最初から成り立っている．

定理 4.11 α, β を 0 でない円分整数とする．このとき
$$\alpha \mid \beta \iff (\alpha) \mid (\beta)$$
が成り立つ．

系 4.12 $(\alpha) = (\beta)$ ならば $\alpha \sim \beta$, すなわち $\beta = \alpha \varepsilon$ となる単数 ε が存在する.

この定理は円分整数の整除を因子の整除に還元することができることを主張する基本定理である. 証明は

$$\alpha \mid \beta \iff N\alpha \mid \beta \frac{N\alpha}{\alpha}$$

を使って α が整数の場合へ還元すればよい. 演習問題として試みられよ.

因子が定義されても, それだけでは現実の, つまり円分整数の, 問題にフィードバックできない. いかなる場合に因子は円分整数から作られた因子, すなわち主因子となるか, の判定が必要となるのである. それであるから, 因子類の考えが必然的に生まれるのである.

定義 4.13 因子 A, B に対して, AC が主因子であることと BC が主因子であることがつねに同値になるとき, A は B に同値であるといって,

$$A \approx B$$

と表わす.

問題 $A \approx B$ であるためには $(\beta)A = (\alpha)B$ を満たす, 0 でない円分整数 α, β の存在することが必要十分である.

問題 ≈ は同値律を満たすことを証明せよ．

1の因子 (1) を I と記す．因子 A が主因子である条件は $A \approx I$ である．

問題 任意の因子 A に対して $AB \approx I$ となる因子 B が存在することを示せ．

最後の問題によって次の定理が得られた：

定理 4.14 因子の全体 D を同値関係 ≈ で種別すると，その同値類の全体 Cl は群をなす．

クンマーは 1847 年の論文 [54] において，因子類群 Cl は有限群であることを証明した．つまり，因子の有限集合 $\{A_1, \cdots, A_k\}$ をうまく取ると，任意の因子が $A_1, \cdots, A_k$ のいずれかと同値になるのである：

定理 4.15 因子類群は有限群である．その位数は**類数**と呼ばれる．

$\{A_1, \cdots, A_k\}$ が因子類群の代表系になるように取れれば類数が計算できることになるが，事情はそう簡単ではない．A と B とが同値であるかないかを決定するのは一般に困難だからである．

類数の計算にはまったく新しい手法の開発が必要であった.いままで紹介して来た,因子と因子類群の概念を導入した論文 [54] は,最後に次のように述べて終わる:

……実際の計算によって次のように n 〔$A^n \approx I$ がすべての因子 A に対して成り立つ最小の n: 足立注〕の値が定まる: $l=5, 7, 11, 13, 17, 19$ のとき $n=1$; $l=23$ のとき $n=3$; $l=29$ のとき $n=2$; $l=31$ のとき $n=9$; $l=37$ のとき $n=37$; $l=41$ のとき $n=11$; $l=43$ のとき $n=211$; $l=47$ のとき $n=5 \cdot 139$.

理想数のちょうど何乗をすれば実在(数)となるかは,しかしながら,同値でない理想数の数の決定と同様,現論文におけるとは本質的に別の原理が必要である.すでに言及したように,ディリクレの,非常に近い主題に対する同じ問題が完全に解かれている論文の発表が間近に迫っているから,この重要な問題についてこれ以上は追求しないでおく.ブレスラウ,1846 年 9 月

類数を与える公式は,しかしながら,ディリクレによっては発表されず,クンマー自身によって [56] の後半で与えられる.

§6. 二条件 (A), (B) のもとで大定理は正しい

1847 年 9 月に完結した論文 [55] において,クンマーはいよいよ,フェルマーの大定理に取り組む:

定理 4.16 次の二条件 (A), (B) の成り立つ奇素数 l に対してフェルマーの大定理は正しい：

(A) 円分体 $\boldsymbol{Q}(\zeta)$ の類数は l で割り切れない；

(B) $\boldsymbol{Q}(\zeta)$ の単数 ε で，l を法として整数と合同なものは，別の単数の l 乗である．

ディリクレへの手紙の中で，条件 (A) から条件 (B) が証明されるであろうと予想している．ディリクレも強い興味を示したこの予想は 1850 年の論文 [57] において証明されることになる．

円分整数 α が円分整数 β の l 乗であるとしよう：$\alpha = \beta^l$.
$\beta = a_0 + a_1 \zeta + \cdots + a_{l-1} \zeta^{l-1}$ $\quad (a_0, a_1, \cdots, a_{l-1} \in \boldsymbol{Z})$
と表わすと
$$\beta^l = (a_0 + a_1 \zeta + \cdots + a_{l-1} \zeta^{l-1})^l$$
$$\equiv a_0{}^l + a_1{}^l + \cdots + a_{l-1}{}^l \pmod{l} \quad (4.12)$$
だから，α は整数に合同である．しかし逆にこれだけの条件から，仮定 (A) のもとに，α が単数の場合には他の単数の l 乗となることが証明できるとは，（類体論が知られない当時にあっては）奇跡的とも思えたであろう．

(A) ⇒ (B) は現在**クンマーの補題**という名で知られている．

さて定理 4.16 の証明を紹介しよう．まず次の補題が必要である．その中で現われる λ は
$$\lambda = \zeta - 1$$
で定義される円分整数である．先に述べたように λ は l の

§6. 二条件 (A), (B) のもとで大定理は正しい

唯一の素因子である．今後も λ は $\zeta-1$ を意味するものとする．

補題 4.17 ε を円分単数とし，$\bar{\varepsilon}$ をその複素共役数とする（$\varepsilon=h(\zeta)$ とすると $\bar{\varepsilon}=h(\zeta^{-1})$）．しからば $\varepsilon/\bar{\varepsilon}$ は 1 の l 乗根である．すなわち $\varepsilon/\bar{\varepsilon}=\zeta^r$ と表わせる．

証明は $\eta=\varepsilon/\bar{\varepsilon}$ とおいたとき η の共役数 $\eta^{(j)}(j=1,\cdots,l-1)$ の絶対値 $|\eta^{(j)}|$ がすべて 1 であることから，代数的整数論でよく知られているように $\eta=\pm\zeta^r$ が従う．実際には + の場合しか起こらないので補題がいえるのである．

定理 4.16 の証明

$$(x+y)(x+\zeta y)\cdots(x+\zeta^{l-1}y) = z^l$$

とする．$\sim$ を同伴の記号とする．すなわち $\alpha=\varepsilon\beta$ となる単数 ε が存在するとき $\alpha\sim\beta$ と記す．このとき

$$(x+\zeta^{j+k}y)-(x+\zeta^j y) = -\zeta^j(1-\zeta^k)y \sim \lambda y \quad (4.13)$$
$$(x+\zeta^{j+k}y)-\zeta^k(x+\zeta^j y) = (1-\zeta^k)x \sim \lambda x \quad (4.14)$$

であるから，$x+\zeta^j y$ と $x+\zeta^{j+k}y$ との共通因子は $\lambda x, \lambda y$ の約因子である．$(x,y)=1$ が最初から仮定してあるから，(4.13), (4.14) によって，可能な共通因子は λ だけである．さらに，λ が共通因子であるときは，たとえば，(4.13) によって任意の k に対して $x+\zeta^{j+k}y$ も λ で割り切れることになる．したがって λ が一つの $x+\zeta^j y$ を割り切れば他のすべてが λ で割り切れ，しかも任意の二つは λ を最大公約

因子としてもつ.

したがって次の二つの場合が生じる；

　　Case I.　　$x^l+y^l=z^l$,　　$xyz \not\equiv 0 \pmod{l}$

　　Case II.　　$x^l+y^l=z^l$,　　$z \equiv 0 \pmod{l}$

Case I の証明　$x+y, x+\zeta y, \cdots, x+\zeta^{l-1}y$ が二つずつ互いに素（数としてではなく因子として！）だから，その積が l 乗であることと合わせて，各々の主因子がある因子の l 乗である．たとえば $(x+\zeta y)=D^l$ とすると，条件 (A) によって $D=(\alpha)$ と表わせる．したがって

$$x+\zeta y = \varepsilon \alpha^l, \quad \varepsilon は単数$$

と表わせる．両辺の複素共役を取って

$$x+\zeta^{-1}y = \bar{\varepsilon} \bar{\alpha}^l$$

補題 4.17 によって $\varepsilon = \zeta^r \bar{\varepsilon}$ ($0 \leq r \leq l-1$) と表わせる．$\alpha = a_0 + a_1 \zeta + \cdots + a_{l-1} \zeta^{l-1}$ と書いてみれば，$\bar{\alpha}^l \equiv \alpha^l$ (mod l) が解る．したがって

$$x+\zeta^{-1}y = \bar{\varepsilon}\bar{\alpha}^l = \zeta^{-r}\varepsilon\bar{\alpha}^l \equiv \zeta^{-r}\varepsilon\alpha^l$$
$$\equiv \zeta^{-r}(x+\zeta y) \pmod{l}$$

$$\therefore \quad \zeta^r x + \zeta^{r-1} y \equiv x + \zeta y \pmod{l} \tag{4.15}$$

$\zeta = \lambda+1$ を代入して整理すると，$(l) = (\lambda)^{l-1}$ だから

$$x\lambda^r + (rx+y)\lambda^{r-1} + \cdots \equiv 0 \pmod{\lambda^{l-1}} \tag{4.16}$$

となる．$r=0$ のときは (4.15) へ戻って $\lambda y \equiv 0$ (λ^{l-1}) となり，これは起こりえない．$1<r<l-1$ とすると，λ^r が最高次となり，$x \equiv 0$ (l) でなければならず，これは矛盾．ゆえに $r=1$ または $l-1$ である．

$r=1$ とする．この場合も (4.15) へ戻って $\lambda(x-y) \equiv$

0 (λ^{l-1}). したがって $x \equiv y$ (l) を得る.

$r = l-1$ とすると $\lambda^r \equiv 0$ (λ^{l-1}) だから (4.16) から $rx + y \equiv 0 \pmod{l}$, したがって $x \equiv y \pmod{l}$.

いずれにしても $y \equiv x \pmod{l}$ を得る.

x, y, z の役割を入れかえて, $x^l + (-z)^l = (-y)^l$ と考える. この場合も $r = 1, l-1$ の場合を除けば起こりえない. したがって可能なのは $z \equiv -x$ (l) である. $x^l + y^l = z^l$ だから $x^l \equiv x$ (l) を考慮して $x + x \pm x \equiv 0$ (l) となる. これは $x \not\equiv 0$ (l) により, $3 \equiv 0$, または $1 \equiv 0$ (l) を意味する. ゆえに $l = 3$ であるが, Case I は $l = 3$ の場合は正しいので, これですべての場合が尽くされた.

Case II の証明 無限降下法を用いる都合上, ラメの証明で見た通り, x, y, z が整数では破綻する.

そこで
$$x^l + y^l = \varepsilon \lambda^{kl} w^l, \quad xyw \not\equiv 0 \pmod{\lambda} \quad (4.17)$$
という不定方程式に互いに素な円分整数解 x, y, w, および単数 ε, 自然数 k が存在しないことを証明する. 仮に解があるとすると, 同じ型の方程式に, k の, より小さい値に対して解が存在することを示すのである. 後述のごとく, $k > 1$ であるから, これは矛盾に到る.

これからフェルマーの大定理の Case II が証明される. 実際,
$$x^l + y^l = z^l, \quad z \equiv 0 \pmod{l} \quad (4.18)$$
に互いに素な整数解 x, y, z が存在したとする. そして $z = l^m w, m > 0, w \not\equiv 0$ (l) とする. $l = u\lambda^{l-1}, u$ は単数,

とおけるから，これらを (4.18) に代入して
$$x^l + y^l = u^{ml} \lambda^{ml(l-1)} w^l$$
となる．したがって $\varepsilon = u^{ml}$, $k = m(l-1)$ とおけば，(4.17) に解があることになって矛盾する．したがって (4.17) に解が存在しないことをいえばよいのである．

クンマーは
$$x^l + y^l = z^l, \quad xyz \neq 0 \tag{4.19}$$
に円分整数解が存在しないことを証明した，と主張しているが，それはカン違いのようである．(4.19) に解があるとして，x, y の最大公約数（円分整数の）を m とする．$x = mX, y = mY$ として $m^l(X^l + Y^l) = z^l$ となるが，これから $X^l + Y^l = Z^l$ となる．だから円分整数 X, Y は互いに素としてよい，とクンマーはいうのである．こんなことがいえるなら理想数の発明など要りはしない．

最大公約数という概念は素元分解の一意性に付随する概念である．理想数の発明者にして，このつまらないミスがあるとは！

(4.19) に円分整数解がないことは，ヒルベルト ([43]) によって正確に証明された．

さて (4.17) に解が存在しないことの証明に戻ろう．

(4.13), (4.14) によって $x + \zeta^j y$ は $\lambda = \zeta - 1$ を公約因子にもち，$(x + \zeta^j y)/\lambda$ は互いに素となる．それらの積は $(x^l + y^l) \lambda^{-l} = \varepsilon \lambda^{(k-1)l} w^l$ であるから，主因子は l 乗因子である．したがって，前と同じ議論で，$(x + \zeta^j y) \lambda^{-1} = \varepsilon_j \alpha_j^l$ と表わせる．ε_j は単数，α_j は円分整数である．さらに，

(α_j) は互いに素である.

まず,$k>1$ であることを証明する.
$$x \equiv a_0 + a_1 \lambda \pmod{\lambda^2}$$
$$y \equiv b_0 + b_1 \lambda \pmod{\lambda^2}$$
と整数 a_0, a_1, b_0, b_1 を用いて展開する.
$$x + \zeta^j y \equiv (a_0 + a_1 \lambda) + (\lambda+1)^j (b_0 + b_1 \lambda) \pmod{\lambda^2}$$
$$\equiv (a_0 + b_0) + (a_1 + b_1 + jb_0)\lambda \pmod{\lambda^2}$$
$x + \zeta^j y \equiv 0 \ (\lambda)$ なので $a_0 + b_0 \equiv 0 \ (l)$. したがって
$$x + \zeta^j y \equiv (a_1 + b_1 + jb_0)\lambda \pmod{\lambda^2}$$
$y \not\equiv 0 \ (\lambda)$ だから $b_0 \not\equiv 0 \ (l)$. ゆえにただ一つの $j = j_0$ に対して,$a_1 + b_1 + j_0 b_0 \equiv 0 \ (l)$ となる.したがって $x + \zeta^{j_0} y \equiv 0 \ (\lambda^2)$ で,その他の $x + \zeta^j y$ はちょうど λ で割り切れる.$k=1$ とすれば,$x + \zeta^j y$ はすべてちょうど λ で割り切れることになり矛盾するから,$k > 1$ である.

そこで $\zeta^{j_0} y$ を y と置き直してみても,式には何の変化も生じないから,$x + y \equiv 0 \ (\lambda^2)$ としてよい.

したがって $K = k - 1$ とすれば
$$x + y = \lambda \varepsilon_0 \lambda^{Kl} w_0{}^l, \quad w_0 \text{ は円分整数} \not\equiv 0 \ (\lambda)$$
$$x + \zeta^j y = \lambda \varepsilon_j \alpha_j{}^l \quad (j = 1, \cdots, l-1)$$
となる.$j = 1, l-1$ の場合と $j = 0$ の場合を抜き出して,
$$\begin{cases} x + \zeta^{-1} y = \lambda \varepsilon_{-1} \alpha_{-1}{}^l \\ x + y = \lambda \varepsilon_0 \lambda^{Kl} w_0{}^l \\ x + \zeta y = \lambda \varepsilon_1 \alpha_1{}^l \end{cases}$$
x, y を消去して

$$\varepsilon_0(1+\zeta)\lambda^{Kl}w_0{}^l = \varepsilon_1\alpha_1{}^l + \zeta\varepsilon_{-1}\alpha_{-1}{}^l$$

$$\therefore \quad \frac{\varepsilon_0}{\varepsilon_1}(1+\zeta)\lambda^{Kl}w_0{}^l = \alpha_1{}^l + \zeta\frac{\varepsilon_{-1}}{\varepsilon_1}\alpha_{-1}{}^l$$

$1+\zeta$ および ζ は単数だから,

$$E_0 = \frac{\varepsilon_0}{\varepsilon_1}(1+\zeta), \quad E_{-1} = \zeta\frac{\varepsilon_{-1}}{\varepsilon_1}$$

とおけば

$$E_0\lambda^{Kl}w_0{}^l = \alpha_1{}^l + E_{-1}\alpha_{-1}{}^l \tag{4.20}$$

で, E_0, E_{-1} は単数である.これを $\bmod\ l$ で考えると, $\alpha_1{}^l, \alpha_{-1}{}^l$ は (4.12) の計算で解るように l を法として整数に合同で, $\alpha_{-1} \not\equiv 0\ (\lambda)$ だから,

$a + bE_{-1} \equiv 0 \pmod{l}, \quad a, b \in \mathbf{Z},\ b \not\equiv 0\ (l)$

の形になる.ゆえに E_{-1} は l を法として整数に合同である.したがって条件 (B) によって $E_{-1} = E^l$ (E は単数) と表わせる.これを (4.20) に代入すれば

$$x^l + y^l = \varepsilon\lambda^{Kl}w^l, \quad xyw \not\equiv 0 \pmod{\lambda}$$

に解があることになり, $K < k$ だから無限降下法が完成する. □

条件 (B) は Case II にしか使われなかったことを注意しておく.

§7. クンマーの論文概略

ここで投稿順に従って 1851 年までのクンマーの業績を一覧する.フェルマーの大定理に関係の深い論文に限るこ

とにし,たとえば相互律などについては一切触れない.また原論文の題名は文献表を見ていただくことにし,題名の和訳を見出しに使うことにした.内容推測のためのものなので,訳は現代式術語で簡潔に表現する.

[51] 「円分整数について」(ラテン語,1844年)

この論文の内容は,ヤコービの影響のもとに $p \equiv 1 \pmod{l}$ なる素数の分解を研究したものである.もともとはケーニヒスベルク大学の創立300年祭を記念してブレスラウ大学から贈られた論文の一つで,1844年に印刷されている.クンマーが円分整数の研究を開始した記念すべき論文である.

$l = 23$ になると素元分解が一意的にできなくなるという事実を述べ,それについて次のごとく残念がっている:

> 与えられた数がつねに同じ素因数へ分解されるという実数の特質が複素数には属さぬということはきわめて苦痛なことである;もしもこれさえ正しいのなら,いまだにこんな困難に悩まされている全理論が容易に解決されてしまうのだが.

この文章は [53] で引用され,この悲嘆が解消されたのだと誇っている.

第3章§4で述べたようにクロネッカーの論文とともにリューヴィルのもとに送られて,彼の雑誌に転載されることになった.翻訳の時間がないから,そのまま載せる,と

いうリューヴィルのコメントが付されている.

ノルム,共役数などの研究とともに,$Z[\zeta_5]$におけるすべての単数が $\pm\zeta_5^k\varepsilon^n, \varepsilon=\zeta_5+\zeta_5^{-1}$ の形に表わされることも示しており,フランスの数論学者より大分進んでいたことの例の一つになろう.

[52] 「円分体の部分体の円分整数について」(ドイツ語,1846年)

ここで $p\not\equiv 1 \pmod{l}$ なる素数の分解を研究するためにガウスの周期を利用することを始める.

$$\phi(X) = (X-\eta_1)\cdots(X-\eta_g)$$

と置くと $\phi(X)\in Z[X]$ であり,pを素数とし,pの法lでの指数がfとすると,$\phi(u)\equiv 0 \pmod{p}$ を満たす整数uが存在することが示されている.しかしながら,

$$\phi(X)\phi(X-1)\cdots\phi(X-p+1) \equiv 0 \pmod{p^g}$$

から $\phi(X)\equiv 0 \pmod{p}$ が(重複もこめて)g個の根uを持つことを帰結しているが,これは間違いで,クンマーの理想数論を基礎づける定理の証明の誤りはここから発している.

[53] 「複素数の理論」(ドイツ語,1847年)

理想数について公刊された最初の論文.次の論文 [54] で詳細に証明が与えられる.理想数の概念はクロネッカーへの1845年の手紙ですでに詳しく述べられている.

この論文の書出しは次のごとくである:

§7. クンマーの論文概略

円分論，冪剰余の研究，高次形式の研究で，周知のごとく重要な役割を果たす1の高次の冪根からなる複素数の理論を完全にし，単純化することに成功した．しかも想像上の約因子（理想複素数と名づける）という特異な方法を導入することによってである．それについて簡単な報告をさせていただく．

次いで理想数のことを次のように述べている：

このような理想複素数の導入は代数と解析における複素式の導入とまったく同一の（特にいえば，多項式の一次式への分解のごとき）単純な概念の基礎となるものである．さらにいえば，ガウスが4次剰余を研究するに際し，$a+b\sqrt{-1}$ という形式の複素数を最初に導入したのと同じ必然性を持つのである．

少し長くなるが，理想数創造の目的と意義をクンマー自身どのように捉えていたかを知るために，必要な個所を訳してみよう：

この複素数の理想因数は，すでに示したように実在の複素数の因数として現われる：だから理想因数は他の適当な理想因数と掛け合わされて，つねに実在の複素数を生ぜねばならない．理想因子の実在の複素数への合成といういまの問は，私がすでに得た結果に基づいて示すで

あろうように，大変興味深いものである．というのも，それは数論の最も重要な部分と内的関連があるからである．この問に関する最も重要な結果は次の通りである：

すべての理想複素数を実在化するのに必要かつ十分な有限確定個の理想因子がある．

各理想複素数はある一定冪乗すると実在の複素数になるという性質をもつ．

これら二つの命題に近いいくつかの問題に入ることにしよう．同じ理想数に掛け合わされてともに実在の複素数になる二つの理想複素数は同値である，または同じ類に属するという；というのは，この実在と理想の複素数に関する研究は高次形式の分類の研究と完全に一致するからである．この形式の分類に関してはディリクレが重要な結果を得たが，いまだ公けにされていない．だから私は，彼の分類の原理が複素数の理論によるものと完全に一致するのかどうかは，正確には知らない．特別の場合として判別式が素数 λ の場合だけではあるが，2変数2次形式の理論はこの研究の中で捉えられる．そして我々の分類はガウスのそれと一致するが，ルジャンドルのものとは一致しない．これはまた2次形式のガウスの分類と，*Disquisitiones arithmeticae* に現われるごとく，つねに不適当という印象を与える正式同値・非正式同値の区別に透明な光を投げかける．すなわち $ax^2+2bxy+cy^2$ と $ax^2-2bxy+cy^2$，または $ax^2+2bxy+cy^2$ と $cx^2+2bxy+ay^2$ のような二つの形

式が，実際は本質的相違がないにもかかわらず，相異なる類に属するものと考察されるなら，そしてそれにもかかわらず，ガウスの分類が物事の本性によるものとして相応に是認されねばならぬとするなら，たとえば $ax^2+2bxy+cy^2$ と $ax^2-2bxy+cy^2$ のように，単に外面的にしか異ならない形式を二つの本質的に異なった数論上の概念として把握せざるをえなくなる．これらは実は一つの同じ数に属するところの相異なる理想因数であるというにほかならないのである．2 変数の 2 次形式論は即 $x+y\sqrt{D}$ という形の複素数の理論として捉えることができ，必然的に同様の理想複素数の概念へと至るのである．これらは $x+y\sqrt{D}$ という形の実在の複素数にするのに必要十分な理想因数にしたがって分類されるのである．ガウスの分類との調和のもとに，これは真実の基礎を拓くのである．

　理想複素数の一般的研究は，ガウスによって大変な困難をおかして取り扱われた章節と，最大級の類似性を有する：すなわち，ガウスが上述書 337 ページにおいて 2 次形式に対して証明した『形式の合成について』とその主要結果は一般の理想複素数の乗法に置き換えられるのである．理想数の各類には，これと掛け合わされて実在の複素数を生ずる，もう一つの類が対応する（実在の複素数はここでは主類の類似となる）．自分自身と掛け合わせて実在の複素数となる類，したがって両面類もある；とくに主類はつねに両面類である．一つの理想複素

数 $f(\alpha)$ を取って,それの冪を考えていくと,上記命題の二番目によってつねに実在の複素数となる冪へと到達する;h を $f(\alpha)^h$ が実在複素数となる最小数とすれば,$f(\alpha), f(\alpha)^2, \cdots, f(\alpha)^h$ はすべて相異なる類に属する.$f(\alpha)$ を適当に選ぶことによって,これらがすべての類を尽くすということが起こりうる:もしそうでない場合は,簡単に証明できるように,類の総数はつねに h の倍数である.私は複素数論のこの分野にはいまだ通暁していない;したがって類の総数の研究に着手していないのだが,口頭で聞き知ったところによると,ディリクレは彼の有名な2次形式に関する論文におけると類似な原理に基づいて,この数をすでに決定しているということである.

ディリクレによる形式の類別理論は結局公表されなかった.クンマーの理論で十分だと認めたからだろうか.類数の決定法については,クンマーに口頭でそのアイデアを述べ,クンマーはそれに基づいて論文 [55] の後半(ディリクレへの第二の手紙)を完成するのである.

この後,ラグランジュ分解式への応用が一例として述べられているが,上記引用によってクンマーの意図が十分に理解されるであろう.

[54]「円分体における素元分解について」(ドイツ語,1846年9月投稿,1847年発行)

理想数(因子)の定義と,同値類(因子類)の定義,そ

§7. クンマーの論文概略

してその有限性（類数の有限性）が研究されている．Fluor という比喩が出てくるのはこの論文である：

　　化学結合には複素数に対する乗法が対応する；元素，厳密にはその原子量，には素因数が対応する；そして物質分解の化学式はちょうど数の分解式のようなものである．またわれわれの理論の理想数自身は，化学ではしばしばあることだろうが，これまでいまだ析出されていないが，理想数のように，化合物の形で存在する，仮想的な基に対比される．いまだ析出されてはいないが，にもかかわらず元素に算入されているフッ素は理想素因数の類似となりえよう．

あと，ながながと，たとえば，複素数 Ψ が試薬の役割を果たすといった，対比の説明が続く．

フッ素は 1886 年に到って単体として分離された．当の時点ではまだ化合物としてしか存在が知られていなかった．実在しない観念の対象の把握がいかに困難か，クンマーが化学におけるこうしたアナロジーを繰り返し述べるのを見れば明白である．類別という概念はきわめて便利な代物で，定理 4.7 の同値関係そのものを $\equiv \pmod{\mathfrak{p}}$ と表わすのだと考えればいいのだが，当時はそんな便利な概念は確立されていなかったのである．

現在では，「存在」とは「無矛盾」の言い換えのように考えられているが，そこまで到達するまでには，代数記号も

ディリクレ

負数も虚数も，そしてこの理想数がその例であるように，生存権確立のために永い歴史を必要としたのであった．

[55]「無数の素数 l に対するフェルマーの定理の証明」（ドイツ語，1847年）

この論文は二つのディリクレ宛の手紙から構成されている．

最初は，1847年4月付で，次のように始まる：

　私はフェルマーの定理が無数の素数に対して成立することの証明に近頃成功したが，まだどの素数に対してなのかを知らない；というのは証明は素数 l に関する二つの仮定に基づいており，その一般的な探究のためには，単数と1の l 乗根から作られる複素数の形式類数の正確な知識が必要であり，それはまだ私の意のままにならない（分野だ）からであるが，あなたにとってはおそらく

§7. クンマーの論文概略　　211

朝飯前のことであろう，そのためにこそ私は，勝手ながら，君にこの仕事を伝えさせてもらうのである……

さらにかなり詳細な記述が7ページくらい続いて，最後に次の文章で終わる：

　フェルマーの定理はこの学問の主題目というよりは，珍品（Curiosum）というべきであるが，それにもかかわらず，私はこの私の証明法を注目に価すると思う，というのは，それは次の意味で従来の手法とは本質的に区別されるからである；つまり，ここでは有限個の，その中で完結した等式が導出され，最後のものが単純な合同条件のために不可能となるのである．二つの仮定 (A), (B) は，しかしながら，フェルマーの定理自身よりもずっと研究の価値があるように私には思える，そして私がひどく勘違いしているのでなければ，いやむしろ，複素数の形式類数が複素単数との関連において，2次形式の類似に従うものならば，この二つの仮定は本質的にただ一つである，あるいは，それはつねに一つで他方が同時に満たされるのである．これが実証されるとするなら，ここに与えられたフェルマーの定理の証明は，それが正しいためにはただ一つの仮定 (A) だけが必要となろう．私は次のような見解に傾いている，その形式類数が l で割り切れる素数 l が実際に存在するのであろう．そして，たとえば $l = 37$ がそうした数の一つなのではないか，と予

測する根拠がある．いずれにせよ，二つの仮定 (A), (B) と，万が一にも，それらが関係づけられないかの探求は証明の完成のため，私にとっては重大であるので，この研究をあなたの注意深さに，たって委ねる次第である．

続いてディリクレのコメントが入る．その中で (A) から (B) が従うという予想に強い興味を示している．

第二の手紙は，1847 年 9 月付である．ディリクレに口頭で説明を受けて，類数公式を研究したと述べている．

円分体 $\boldsymbol{Q}(\zeta_l)$ の類数を h, その最大実部分体 $\boldsymbol{Q}(\zeta_l+\zeta_l^{-1})$ の類数を h_2 とすれば，$h_2 \mid h$ である．そこで $h_1 = h/h_2$, すなわち

$$h = h_1 h_2 \tag{4.21}$$

とする．h_1 を**第一因子**，h_2 を**第二因子**という．第二因子を求めるのは，基本単数系の問題があって，きわめてむずかしいが，第一因子のほうはわりあい楽である．しかも

定理 4.18 $l \mid h \iff l \mid h_1$

といういちじるしい性質がこの論文の中で証明されていて，仮定 (A) のためには，第一因子だけを調べればよいことになった．h_1 は，正確には，

$$h_1 = \frac{|G(\eta)G(\eta^3)\cdots G(\eta^{p-2})|}{(2p)^{\frac{p-3}{2}}} \tag{4.22}$$

と表わされる．ここに

η は 1 の原始 $l-1$ 乗根；

g は法 l の原始根；

g_j は $g_j \equiv g^j \pmod{l}$, $1 \leq g_j \leq p-1$ なる整数；

$$G(X) = \sum_{j=0}^{l-2} g_j X^j$$

である．

この $G(X)$ を変形していくと，結局は，h_1 が l で割れないための条件が

$$S_k = \sum_{n=1}^{l-1} n^k \quad (k = 2, 4, \cdots, l-3) \tag{4.23}$$

のどれもが l^2 で割れないことに帰着する．(4.23) という冪和 S_k は，よく知られているように，ベルヌーイ数 B_k と深い関係がある．すなわち，

$$S_k \equiv B_k l \pmod{l^2} \quad (k = 2, 4, \cdots, l-3)$$

である．かくして

定理 4.19 $l \nmid h_1$ なる条件は $\dfrac{l-3}{2}$ 個のベルヌーイ数 $B_2, B_4, \cdots, B_{l-3}$ がすべて l で割れないことである．

という定理に達する．クンマー自身は正則素数という用語を用いていないが，言葉があるほうが便利なので準備することにしよう：

定義 4.20 奇素数 l はベルヌーイ数 $B_2, B_4, \cdots, B_{l-3}$ が

l で割れないとき正則であるといわれる.

ベルヌーイ数とは
$$\frac{X}{e^X-1} = 1 + \frac{B_1}{1!}X + \frac{B_2}{2!}X^2 + \frac{B_3}{3!}X^3 + \cdots$$
によって定義される有理数である. $B_1 = -\frac{1}{2}$ であるが, 関数
$$\frac{X}{e^X-1} + \frac{X}{2}$$
が偶関数であることによって
$$B_{2k+1} = 0 \qquad (k=1,2,\cdots)$$
が解る. また $B_2, \cdots, B_{l-3}$ の分母は l で割れないので, これらが l で割れるとはその分子が l で割れるという意味である.

初めの数個を掲げると,

$B_2 = \frac{1}{6},\ B_4 = -\frac{1}{30},\ B_6 = \frac{1}{42},\ B_8 = -\frac{1}{30},$

$B_{10} = \frac{5}{66},\ B_{12} = -\frac{691}{2730},\ B_{14} = \frac{7}{6},$

$B_{16} = -\frac{3617}{510},\ B_{18} = \frac{43867}{798}$

で, あとは急速に大きくなる.

クンマーは類数公式を変形して冪和の問題に持ち込み, ベルヌーイ数の問題に還元したのである.

最後にクンマーは, $B_{32} \equiv 0 \pmod{37}$ なので, 37 は前に予測した通り, 非正則だと述べている. B_{62} まで計算さ

れていると書いてあるから，59 も非正則なことが解るはずなのだが，そのことには何も触れていない．

なお，(A) ⇒ (B) が証明できた，と宣言されている．

クンマーは 1850 年の論文 [57] と 1851 年の論文 [60] において 37, 59, 67 が 100 以下で非正則な素数のすべてであることを示している．

さらに，1874 年（[64]）には 101, 103, 131, 149, 157 が続く非正則素数であることを示した．この人の計算力というか，計算に対する執着には超人的なものがある．

[56]「円分体の類数の決定」(ドイツ語，1849 年 6 月 16 日投稿，1850 年発行)

この論文で類数公式と公式 (4.24) の証明が詳細に行なわれる．

[57]「円分体の類数と単数に関する二つの研究」(1849 年 6 月 18 日投稿，1850 年発行)

この論文は前論文と同じ『クレレ』誌に連続して載っている．

第一に，$Q(\zeta_l)$ の類数 h が l で割れるかどうかの判定（定理 4.18 と定理 4.19）の詳細にわたる証明が行なわれる．

第二に，「クンマーの補題」と現在呼ばれる

定理 4.21 (A) $\Longrightarrow$ (B)

の証明が行なわれる．

$l \leqq 43$ では 37 だけが非正則（クンマーはこうは名づけていないが）であると述べて，さらに次の言葉で論文を終える：

一般に全素数の列において，その特別の性質〔非正則性のこと：足立註〕はかなりまばらに分布しているように見えるので，本当は，例外として処理すべきなのかもしれない．

この感想は，さらに計算を続けた上で，後に撤回される（[64]）．

[55] のところで訳したように，クンマーは (B) のほうの仮定にも重きを置いている．実際 1849 年 12 月 28 日付のクロネッカーへの手紙では，(A) と (B) との関係をさらに深く追求して，(A) が成り立たず，(B) が成り立てば，$l|h_2$ であることを示し，l が決して h_2 を割り切らないだろうという予想を立てている．$l \nmid h_2$ かつ単数が l^2 を法として整数に合同ならば，それは他の単数の l 冪になる，という仮定のもとに大定理を証明する計画を話している．

$l \nmid h_2$ はいまでも未解決の難問で，ヴァンディヴァー予想という名で知られている．

[58] 「正則素数に対するフェルマーの定理の一般的な証明」（ドイツ語，1849 年 6 月 19 日投稿，1850 年発行）

前論文に続いて『クレレ』誌に載ったこの論文で，正則素数に対する証明の細部が行なわれている．一般の円分整数に対しても解がない，としたことに単純な見落しがあることは，前節で述べた通りである．

[59]「解析関数のある種の展開の一般的性質について」
(ドイツ語，1850年7月投稿，1851年掲載)

ベルヌーイ数に関する**クンマーの合同式**と呼ばれる次の命題が証明されている：

$$\frac{B_{2k+l-1}}{2k+l-1} \equiv \frac{B_{2k}}{2k} \pmod{l} \tag{4.24}$$

(4.24) は $B_{2k}/2k$ が l を法として $l-1$ を周期に持つことを主張している．

クンマーの合同式やゼータ関数 $\zeta(s)$ を用いるベルヌーイ数の表示：

$$B_{2k} = (-1)^{k-1} \frac{2(2k)!}{(2\pi)^{2k}} \zeta(2k) \tag{4.25}$$

などを用いて，1915年イェンセンは非正則な素数が無数に存在することを証明した．

[60]「円分整数論」(フランス語，1851年)

120ページを越すこの大著作は，フランスの数学者のために，それまでの円分整数に関する成果を総集したものである．おそらくはリューヴィルに要請されて書いたものだろうが，1857年のパリ賞受賞の候補となるまではまるで読まれ

た形跡がない．それもコーシーがケチをつけるためにチョコチョコと読んだだけで，最後までは誰も読まなかったのではなかろうか．真面目に勉強していた人はフランスにはいなくて，むしろイギリスのH. J. S. スミス (1826-1883) である．スミスは1860年に書かれた報告書 [86] ですでに，クンマーの修正された証明（[61], 1857年）を採用しているのである．

この論文の中で，100以下では $37, 59, 67$ だけが非正則であり，実際，

$$37 \mid B_{32}, \quad 59 \mid B_{44}, \quad 67 \mid B_{58}$$

であることが指摘されている．また第一因子 h_1 の実際の値が $l < 100$ の範囲で計算されている．さらに第二因子 h_2 が $l = 5, 7$ の場合は1であることが示され，h_2 の計算がはなはだ困難であることが述べられている．

第5章
1851年以降の展開

§1. その後のクンマー

1855年にクンマーは、ディリクレの後を襲って、ベルリン大学の教授に就任した。ディリクレはガウスの後任としてゲッチンゲン大学の教授に就き、没するまでの四年間その職にあった。

この頃には、ドイツの諸大家達があいついで死亡して――ヤコービ (1851)、アイゼンシュタイン (1852)、ガウス (1855)、ディリクレ (1859)――クンマーは数学界の第一人者となった。弟子であり、終生親友であったクロネッカーは八年間数学をやめていたが、「クロネッカーの青春の夢」を発表して学界に復帰した。1861年からはベルリン大学で講義し、1856年からやはり、ベルリン大学にクンマーの推薦で助教授として来たワイヤストラスとともに、この三人がドイツの数学界をリードすることになった。クンマーの人柄もあって、20年近い間、世界の優秀な学生を集めて、ベルリン大学は数学の中心地となったのである。

一方の雄、リーマンは、まさしく天才中の天才であるが、1859年ディリクレの後任として、名誉あるゲッチンゲン大学の教授になった。しかし、惜しいかな、結核のため、

クロネッカー

1862年からは療養生活に入らねばならなかった.

1816年に続いて1850年に, パリ学士院は, 再度フェルマーの大定理に賞金 (Grand Prix de l'Académie des Sciences de Paris, 金メダルと3,000フラン) をかけた. 1857年に到って, 賞金は, 応募しなかったクンマーに与えられることになった. リューヴィルの働きがあったことはもちろんである.

審査委員会の長をコーシーが務めたことは経緯を知る人にはおもしろいだろう. ラメも委員に入っている. 他の審査員はリューヴィル, ベルトラン, シャールである.

コーシーのクンマーを推薦する報告書は「パリ学士院紀要」(1857年) に提出されている. コーシーの度量の広さと勇断……と書きたいところだが, エドワーズによって発見された新資料 (リューヴィルからディリクレに宛てて書かれた1857年1月27日付の手紙の草稿) の復元 ([12]の付録に収録) によれば, コーシーは最初からクンマーに賞

§1. その後のクンマー

を与えることに反対だったらしい（この手紙の実物が，ディリクレの遺品の中で見つけられていたことが [13] で報告されている）：

　　ゲッチンゲン大学教授　ディリクレ殿
　　　　　　　　　　1857 年 1 月 27 日，パリにて
　　当学士院はフェルマー賞のメダルをクンマー氏に授与することを決定するに到りました；しかしこの措置にはそれ以外に慣例的に大臣による承認が必要であります．従いまして，まだ思いがけない障害もありうることですし，最悪の場合のために，このニュースは腹に収めておいてください．

　　授与には実は反対なのですが，報告書を書くのは，コーシー氏であります；彼は，初めのうちは，実にくだらない理由の他には何もいいませんでしたが，近頃になって重大な反対を持ち出してまいりましたことを付け加えておかなければなりません；もしこれがもっと早く，あるいはそうでなくても，学士院に関係している頃に，明らかにされていたなら，正直申しまして，もっと十分な調査へと後退させられておりましたろう．私達は，一方では，クンマー氏またはあなたがすべての疑問を解き晴らしてくださるであろうと期待し，また本当に欠陥がある場合ですら，クンマー氏はなお十分賞に値すると考えまして，頑強に主張いたしました．

以上の前置きに続いて，コーシーの指摘した疑問点と，リューヴィル自身の疑問点を述べている．これにより，1851年に書かれたフランス語の論文 [60] がフランスでほとんど読まれていなかったことが解るのである．

コーシーやリューヴィルが問題にした個所は素因子の定義に用いられた円分整数 Ψ の構成に関係していた．この問題を本書の初版では詳しく扱ったが，第 2 版では簡潔性を重んじて省略したので，興味のある読者はエドワーズの著書 [14] を読んでいただきたい．

コーシーの指摘自身はたいした問題ではなかったが，リューヴィルの指摘したギャップはそれより少し深刻であった．実はさらにその先まで彼らが本当に読んでいたなら，救いようのない欠陥を見出したはずであった．

ディリクレはリューヴィルに，デデキントという若い数学者によって最近これらのギャップが埋められたということと，クンマー自身最近新しい証明を出版した，その証明は自分は読んではいないが，デデキントのものより簡単とはいえない旨返事をしている．

実際は，デデキントの修正によっては，コーシーの指摘が直されるだけであった．正しい，しかも簡潔な証明は，クンマーの新論文 [61] によって初めて与えられたものである．この論文は 1857 年に印刷されているから，実に十年という年月が，理想数の基盤を危くしたまま過ごされたことになるのである．

クンマー自身は自分の証明の欠陥を公けに認めたことは

一度もないようで,かなり頑固な人柄であったことをうかがわせる.

クンマーは [61] においてただ次のように述べている:

　この重要な点はさらに詳細な解明と,より完全な説明を必要とするように思われる.私はそれを大層単純で,しかも一般の複素数にも適用しうる方法を用いてここに完成しよう.

[61] の投稿日は 1856 年 6 月 5 日であるから,自分でも以前から証明の不完全さに気づいていたものと思われる.

なお,理想数に関する一番早い解説書はスミスの [86] であろう.これは 1860 年に書かれているがすでに 1857 年の証明のほうを採用してある.

同じ頃クンマーは非正則素数 l の場合へと研究を進めていた.[62] における最終的な結果を述べておく:

仮定 I 類数の第一因子が l で割れるが,l^2 では割れない.

この仮定から

$$B_{2s} \equiv 0 \pmod{l} \text{ だが } B_{2s} \not\equiv 0 \pmod{l^2}$$

なる s $(1 \leq s \leq \dfrac{l-3}{2})$ がただ一つ存在することがいえる.この s に対して作られたある単数 ε_s を考え,次の仮定を置く.

仮定 II　イデアル M を法として ε_s が l 冪剰余とならないような M が存在する．

クンマーはイデアルのかわりに eine complexe ideale Modul といっているが，これは「複素理想法」とでも訳されよう．整数の場合の法を拡張しているわけで，結局はイデアルを法とするのと同じである．ε_s が l 冪剰余にならないとは
$$\varepsilon_s \equiv \alpha^l \pmod{M}$$
を満たす円分整数 α が存在しないということである．

仮定 III　この s に対して $B_{2sl} \not\equiv 0 \pmod{l^3}$ である．

定理 5.1　仮定 I, II, III のもとにフェルマーの大定理は指数 l に対して正しい．

この結果を適用して，クンマーは 100 以下の非正則素数 37, 59, 67 に対して大定理が正しいことを証明した．

定理 5.1 の証明にはいくつか，あるいは，いくつも，といってもいいが，重大な誤りがあったが，ヴァンディヴァーの 1920 年代の諸論文によって修正された．

証明の基本的アイデアは正則素数の場合と同一で，いわゆる，単数に関するクンマーの補題をさらに深めることにかかっている．

§1. その後のクンマー

この定理,またこれに先立つ 1850 年の [57] の定理,たとえば定理 4.19 を証明するのにクンマーが,p 進数に当たる概念を導入していることは特筆すべきである.

同じ頃アイゼンシュタインも同様に p 進数をいくらか扱っているといわれるから,この二人が p 進数の創始者である.後にヘンゼルによって p 進数が大々的に展開されたことは §4 で述べる.

『クンマー全集』の序文 ([50], pp. 1-14) においてヴェイユは次のように述べている:

> ヒルベルトは,クンマーの死後,長年ドイツの数学界を支配した.有名な『報文』の半分以上(すなわち,第 IV 部,第 V 部)はクンマーの数論の,本質的にはなんの改良もない解説にすぎない;しかし自分の前任者の数学の表現形式に対する同情の欠如,もっとはっきりいえば,p 進解析のきらめくような使用に対する無視が『報文』におけるクンマーへのいやいやながらと思える言及を通じて明らかに見て取れるのである.

また別の個所で次のように述べている:

> まずわれわれの心を打つのは(ついでにいえば,ヒルベルトには大層不快に映ったらしいのは)p 進解析という強力な手段が徐々に登場してくることである.もちろん彼は p 進数体の概念を導入したわけではない;この栄

誉は彼の生徒,いやむしろ生徒の生徒であるヘンゼルのものである.

これに続いてクンマーの p 進数の使用法が簡単に触れられている.とにかく,p 進数の概念がフェルマーの大定理の研究から生まれた,という事実はフェルマーの大定理の歴史に輝かしい栄誉を加えるものである.普通には,イデアルの概念が特に取り上げられ,p 進数については見落とされ勝ちなので特に述べておく.

クンマーは終生,類数の計算を続けたが,1874年の論文[64]では第一因子の正確な数値を $101 \leq l \leq 163$ に対して計算している.計算過程は略されているが,クンマーが自分で述べているように,この計算は大変なものであり,熟練した技術を要する.コンピュータを用いずに行なわれたこの計算が,$l = 103, 139, 163$ のときのわずか三つの誤りしかなかったということは,実に驚くべきことである.

クンマーの計算により,新たに,101, 103, 131, 149, 157 が非正則であることが解った(特に $l = 157$ の場合は第一因子は 157^2 で割り切れる.実際,$B_{62} \equiv 0$,$B_{110} \equiv 0 \,(157)$).これにより,クンマーは,非正則なのは例外的であるという初期の予想を修正せねばならなくなった.本論文の末尾で大略次のようなことを述べている:

101から163までの13個の素数のうち,5個が非正則である.100までの24個の奇素数のうち,3個だけが非正則である.とすれば,非正則素数の数が急速に増して,正則

素数は有限個しかないことになるのだろうか。これはおそらく起こりえないだろう。確率論的な考察によって，非正則素数の，正則素数に対する比は $1/2$ に収束すると予測される。

$\alpha(x)$ でもって，x を越えない非正則素数の数を表わし，$\beta(x)$ でもって，x を越えない正則素数の数を表わせば，クンマーは

$$\lim_{x \to \infty} \frac{\alpha(x)}{\beta(x)} = \frac{1}{2}$$

を予想しているのである。

確率論的な考察を進めることによってジーゲル（[85]）は

$$\lim_{x \to \infty} \frac{\alpha(x)}{\beta(x)} = \sqrt{e} - 1 \doteq 0.6487$$

と予測している。

$N = 125000$ で

$$\alpha(N) = 4605 \quad ; \quad \beta(N) = 7129$$

ということが現在解っているから

$$\alpha(N)/\beta(N) \doteq 0.6460$$

となり，ジーゲルの予想にかなり近いといえる。

正則素数が無数に存在するかどうかはまだ解っていないが，非正則素数が無数に存在することはイェンセンによって 1915 年に証明された。その証明は (4.24), (4.25) といった公式を使うが，それほどむずかしいものではない。簡易化された証明が，たとえばボレビッチ゠シャハレビッチ

『整数論』(吉岡書店) の下巻にあるから参照されるとよい.

クンマーの数論に関する論文は 1874 年に印刷された上述の論文 [64] をもって最後となる.

1860 年代からは主に幾何学の研究を行なった. クンマー曲面という名前で現在呼ばれている曲面の研究はその頃のことである.

その前, 1857 年, フェルマーの大定理に対する貢献でパリ賞を受賞. 1883 年自らの希望で退職, 幸せな晩年を送って, 1893 年に 83 歳で死去した.

§2. 諸結果

クンマー以後得られた諸結果はリーベンボイム [75] (翻訳 [121]) が詳しい. 本書の目的は大定理に関する成果を数え上げることにはないので, そちらのほうは同書を見てもらうこととし, いくつか主要なものを述べることにする.

クンマー以後, フェルマーの大定理について最も新鮮なセンセーションを数学界に与えたのはヴィーフェリッヒの次の定理 (1909 年) であろう:

定理 5.2　　　　$2^{p-1} \not\equiv 1 \pmod{p^2}$　　　　(5.1)

ならば, 素数指数 p に対してフェルマーの大定理の Case I は正しい.

この定理の最初の証明は難解であったが, ミリマノフは証明を簡易化し, さらに (5.1) のかわりに

$$3^{p-1} \not\equiv 1 \pmod{p^2} \tag{5.2}$$
としても定理の正しいことを示した.

森嶋太郎はさらにこれらを一般化して次を得た (1931):

定理 5.3 指数 p で Case I が正しくないならば, 31 を越えないすべての素数 m に対して
$$m^{p-1} \equiv 1 \pmod{p^2}$$
が成り立つ.

この結果は現在では m がもっと大きい数にまで拡張されているが, ここではこれ以上触れないことにする.

$p < 3 \times 10^9$ の範囲で (5.1) を満足しない素数は
$$p = 1093, \ 3511$$
の二つだけであることが知られている. この二つの素数については (5.2) が成り立つので, 結局, $p < 3 \times 10^9$ では Case I が正しいのである.

森嶋の定理を見れば, 誰しも, 少なくも Case I は正しいと思うに違いない. さらに, 何人かの人の結果を合わせて得られる;

定理 5.4 Case I が p に対して誤りならば, 連続した六つのベルヌーイ数
$$B_{p-3}, \ B_{p-5}, \ B_{p-7}, \ B_{p-9}, \ B_{p-11}, \ B_{p-13}$$
はすべて p を法として 0 と合同である.

を見れば，これだけのことが解っていてなお Case I が証明できないのを不思議に思うに違いない．

しかしながら，
$$2^{p-1} \equiv 1 \pmod{p^2}$$
を満たす素数 p が有限個なのかどうかすらまだ解らないのである．解っていることの深遠さと，解っていないことのつまらなさの，この極端な不釣合いにこそ，数論の神秘性，不可思議さがあるといえよう．

いままでは素数冪の場合だけを見てきたが，偶数冪の場合には，ほぼ最終的といえる結果がテラニアンによって得られた (1977 年)．証明はそのまま [75] に採録されているから参照されたい：

定理 5.5 p を奇素数とする．自然数 x, y, z が
$$x^{2p} + y^{2p} = z^{2p}$$
を満たすならば，x または y が $2p$ で割り切れる．

つまり指数 $2p$ に対しては Case I は正しいのである．証明は以前，ソフィ・ジェルマンの定理の紹介で導入した $\dfrac{x^{2p}+y^{2p}}{x+y}$ の性質を用いる初等的で簡単なものである．このことは，大定理にやさしい証明がありうるということを暗示するというよりは，これまでの歴史によれば，偶数指数の場合はやさしいということと，Case I は Case II に比べてやさしいという，二つの事実が合わさったものと考えられる．

実際,指数 14 の場合は,7 の場合のラメの証明 (1839年) に先だって,ディリクレが 1832 年にやさしい証明を発表している.またクンマーも 1837 年に偶数指数の場合を扱って (定理 5.5 に含まれる) 一定の結果を得ている.そして,Case I が Case II よりはるかにやさしいことは本書で見てきた通りである.

それでは Case II をも含む場合はどうかを次に見てみよう.これについて最も大きな成果をあげたのはヴァンディヴァー (1882-1973) である.彼は,§1 で見た通り,クンマーが主張した 1857 年の定理の証明の数多くの不備を補った人であったが,さらに,たとえば次のような定理を得た ([90]):

定理 5.6 指数 p の円分体の類数の第二因子が p の倍数ではなく,またどのベルヌーイ数 B_{2kp} ($k=1, 2, \cdots, \frac{p-3}{2}$) も p^3 で割り切れないならば,フェルマーの大定理は正しい.

その他,類似の結果があるが省略しよう.第二因子というのは,最大実部分体 $\mathbf{Q}(\zeta+\zeta^{-1})$ の類数で,単数規準の問題がからんでくる.したがってこのままでは p で割れるかどうかを判定するのは不可能に近い.

一方,第二因子は p で割れないという予想は現在「ヴァンディヴァー予想」と呼ばれているが,第 4 章の最後で述べたように,クンマーがすでにこれを予想している.

この予想が正しければ，Case I は正しい，というヴァンディヴァーの結果（1934年）は証明に不備があるといわれており，いまだ修正されたという話を聞かない．

ここで，ヴァンディヴァーの，「大定理」について概説した論文 [91] の最後の部分から抄訳してしめくくりとしよう．〔 〕内は私が補った：

議論 大定理の信憑性についてしばしば意見を求められるので，現在の時点での私の意見をここで述べておきたい．まず Case I を論じよう．Case I は正しいと明言できる．しかしそれは，大量の特別の場合に Case I が成り立つからというのではない．それは主に〔前出の〕定理のせいである．〔$x^l + y^l + z^l \equiv 0 \pmod{p}$ という〕3項合同式に関する大量の経験に基づいて〔私は確信するのである〕．(中略)

Case II でも，定理は正しいと思う．しかしその証拠は（Case I の場合ほど）圧倒的ではない．類数の第二因子が l で割り切れたなら，先述の定理 XII から XIV の各々の仮定の少なくとも一つは満たされないことになる．しかしながら，25年ばかり前，私はこの数は決して l では割れないということを予想した．のちに，この問題がいかにフェルマーの大定理に関係深いかを見つけたとき，疑いを抱き始めた，この定理に関する何と数多くの予想が後に到って正しくないと解ったかを思い出したからである．1928年ウィーンにフルトヴェングラーを訪ねたと

き，私がそんな話題を持ち出す前に，同じことを予想していたと彼はいった．代数的数に関しては彼はおそらく同世代の誰よりも熟達していただろうから，私は少し自信を持った．(中略)

この予想が合っているとすると，Case II が正しいと思う理由は Case I の場合と同じである，すなわち，3項合同式についてのかなりの経験に基づいているのである．しかしながら，このことについて私が間違っているのなら，たぶん一番いいのだが．数論の発達という観点からは，フェルマー方程式が解を持つことが判明するほどおもしろいことは私には考えつかないのである．

多くの数学者はしばしば特別な話題が数学の他の分野と関連を持つことに関心をもつ．フェルマーの大定理の場合はクンマーのそれを証明しようという試みがいまや数学の多くの部分で基本的重要性をもつイデアルの理論を生み出したということはよく知られている．クンマーの業績の顕著な性質によって，しかしながら，それが大定理と関連する分野の数を少なくしてしまう傾向があることは否めないのである．(後略)

クンマーの仕事のせいで，関連分野を締め出してしまった，といっている点が気になる人もいて，誤訳じゃないかと思われるかもしれないが，そうではない．あまりに強力なので，代数的整数論からの攻略ばかりになり勝ちだといっているのであろう．しかし，次章で見る通り，新しい幾

デデキント

何学的な方法の登場は,さしもの隆盛を誇った代数的整数論をも,新しい手法を取り入れざるを得なくしてしまった観がある.

§3. 理想数のその後

円分体の理想数の概念は,一般の代数体の場合へと,デデキントとクロネッカーによって拡張された.この二人によって代数的整数論の一般論の基礎が確立されたのである.

たとえば,代数的整数の定義はこの二人によって与えられたのである.ディリクレもクンマーもこの定義には到達しなかった.1859年の段階で,クンマーによって言及されている〈完全で簡潔〉なクロネッカーの代数体論が実際には1882年になってしか公表されなかった理由の一つは,代数的整数の定義に思い到るに要した時間と考えることができる(エドワーズ[15]の見解).そしてその結果は,そう簡単なものではなかったのである(クロネッカー自身は,

類体論が自分の手になるまで出版を見合わせたのだといっている).

整数基の存在証明もこの二人によって与えられた.

まず、デデキントによる理想数の概念の一般化を見てみよう.

理想数をイデアルに変えたから、すべてうまく一般化できた、と理解している向きもあろうが、それは、まったくの誤解である.

デデキントの業績は二つの点に分けられるべきである. 一つは理想数の一般化であり、一つはそれにイデアルという衣裳を与えたことである.

第二の点こそが、集合を用いて概念を定義し推論する現代数学的手法の濫觴であり、いくら誉めても誉めたりるものではないデデキントの業績である. 切断の概念を用いて連続性の解明をした『連続性と無理数』(岩波文庫『数について』に収録) が1872年で、カントルの集合論もその後に出るから、イデアルの概念こそが、集合の概念が明確な形で数学に登場した最初なのである. ただ、この場合に限っていえば、成功を収めたかどうかについては、議論のあるところである ([15] 参照).

ディリクレの『整数論講義』[110] の第二版の付録として、代数的整数論の基礎を発表したときには、基本的には、クンマーの理想数をほぼ忠実に一般化し、それにイデアルの衣裳を着せたものにすぎなかった. つまり、イデアルという衣裳を剥がすと定義4.6のようになるのである.

因子にイデアルを対応させることは次のようにしてできる：因子の倍数全体 I を考えればイデアルとなる，すなわち D を因子（素因子の積）とするとき

$$I = \{\alpha \mid \alpha \text{ は } K \text{ の整数}, \alpha \equiv 0 \pmod{D}\}$$

クンマーの理想数の一般化（定義 4.6）とは独立に代数体のイデアル論を展開するとなると，はなはだやっかいで，デデキントは永らくこれに悩まされることになる．『整数論講義』の改訂のたびに，イデアル論の展開法を改変し，また新たに論文を書いたりしている．これらの経緯については，エドワーズの論文 [15] に詳しい．彼の考えによれば，改訂するたびに悪くなっているということであるが，通常の教科書では第四版の方法を用いている．

問題点は次にある：

A, B をイデアルとするとき，A が B を割り切るという定義が二つ考えられる．一つは $B \subset A$ であり，他方は $B = CA$ なるイデアル C が存在することである．

この二つの主張が同値であることをどう証明するかにすべてがかかっているといってよい．これはまた，任意のイデアル A に対し AB が単項イデアルとなるようなイデアル B が存在することを証明するのと同じである．

こうした方面でのクンマーとデデキントの仕事を要約しておこう．クンマーの理想数論は現在では一般的な因子論と呼ばれる理論に含まれる．さらに正確には「クンマーの理想数論は付値の延長理論である」ということができる（[1]）．つまり一般的な付値の延長理論を定義 4.6 を一般

化することによってそのまま展開できるのである．デデキントの理論は当然イデアル論である．この両者は代数体の整数環のような，いわゆるデデキント環の場合には理論的に同値であることが知られている．

クロネッカーの因子論は一切触れることができなかったが，代数的整数論を学んだ読者は，不定元を添加してその内容（Inhalt）を考える手法をある程度ご存知であろう，それがクロネッカーの方法である．高木 [109] によって大体は知ることができる．詳しくは [15] に解説されている．

§4. p 進解析の系譜

本章の最後を p 進解析の系譜で締めくくることにしよう（より詳しくは著者の [100] を参照）．

ヴェイユは前節で述べたように『クンマー全集』の序文（[50]）においてクンマーが p 進数に関して先駆的な仕事をしたこと，ヒルベルトが『報文』（[43]）においてクンマーの業績をまとめあげる際に p 進解析的な萌芽を抹殺してしまったことを指摘した．

p 進解析の歴史について誰の目にも触れる形で何かを書いたのはヴェイユの他にはハーセただ一人である．ハーセはこの話題に関しては何度も触れている．まず彼の著書『数論』（[34]）の序文の書き出しから：

　　代数的数論には，因子論とイデアル論という，まったく立場の異なった入門の仕方がある．最初のはクンマー

とクロネッカーの算術的研究とワイヤストラスの関数論的手法に基づくもので,今世紀の初めにヘンゼルによって開拓され,シュタイニッツが一般体論を用いて,またキュルシャク,オストロフスキー達が一般付値論を用いて発展させた.第二の学習法はいくらか早く,デデキントが考えだし,ヒルベルトが開拓し,そしてエミー・ネーター,アルチン達が発展させた.

　初めのうちはイデアル論的アプローチのほうが,より早く,より効率的に目的に達するばかりではなく,さらに進んだ数論の研究においても他方より有益であるので優れているように見えた.まず,ヒルベルト,ついでフルトヴェングラー,高木がその土台の上に一般相互法則を含む類体論という堂々たる殿堂を築き上げたのに対し,ヘンゼルの側ではそのような進歩が認められなかったというのもそれに貢献している.しかしながら後になって,まず2次形式論,また多元環論において因子論的ないしは付値論的導入は,関数論においてよく知られた local-global relation を算術の世界に持ち込むことを可能にすることによって,算術的な構造法則をより簡単に,より自然に表現しうるばかりではなく,類体論と一般相互法則の真の意味がこの方法で明らかになるということが分かってきた.かくして今や秤の針は因子論的な導入のほうに振れたのである.

ハーセのこの著書は数論における因子論的,ないしは付

値論的基礎づけの優位を誇示するという目的を持っていることが本文中にも記されている．これらの文章を読むとき，そこには何か深い情念の表出を感じるのである．

ヘンゼルはクロネッカー流の形式論を用いる代数体の判別式の指数の研究，ならびに 1 変数，2 変数の代数関数論における研究業績で知られていたが，1890 年あたりからワイヤストラスによる冪級数の方法を取り入れて，クロネッカー譲りの代数体と関数体を共通に扱うという精神を一貫させる研究を始めた．かくして生まれたのが p 進解析であった（[41], [42]）．ヘンゼルのこの重要な研究は，今から思うと不思議なようなものだが，長い間一部の熱烈な信奉者を除いて数論の世界では正当に評価されなかった．例えば高木貞治の『代数的整数論』でもイデアル論を基調とし，p 進解析は素冪因子を法とする乗法群の構造を求めるためにのみ，やむを得ず導入されたという形である．しかし，発明者のヘンゼルのほうは，最初から p 進解析をイデアル論に対抗する数論の基本概念と考えていた．クロネッカーの弟子たるヘンゼルはもちろんのこと，ハーセも彼の『報文』において類体論を整理したときを除いて，イデアルという言葉を用いたことがないことは指摘しておく価値があろう．

当時は大して注目されていなかったヘンゼルの方法に従った理由を，ハーセは自分の『全集』（[35]）の冒頭で次のように説明している：

> 1920 年にはゲッチンゲンにおける先生だったヘッケ

がハンブルク大学に移ってしまったので,研究をマールブルクのヘンゼルの下で続けることにした.というのは1913 年に発行された例の数論の書物(これをゲッチンゲンの古本屋で見つけて買った)は一目見るなり大層魅力に満ちており,研究に値すると思われたからである.しかし大ゲッチンゲンに留まるほうがよいとクーラントは勧めてくれた.p 進数に関するヘンゼルの本は実りの薄い脇道であるというのである.しかしその本は魔術的な力を働かして,結局私は小マールブルクに行ってしまうことになった.そこではヘンゼルの本の最終章に書かれている 2 元 2 次形式がある有理数を表わせるための p 進的必要条件は十分条件でもあることを証明し,そして可能ならさらに変数の多い場合にもそれを拡張することになった.

このようにして 2 次形式におけるハーセの原理が発見されるに至るのである.ハーセは 1950 年にヘンゼルの追悼文を書いた.これを読むとヘンゼルの経歴,ハーセとの関係,p 進解析の生い立ちなどがよく分かるが,中でも p 進解析という概念がなかなか受け入れられなかった様子が興味深いので,以下に紹介しておく:

　そのころヘンゼルの p 進数を用いる方法が少数の心酔者にしか理解されず,一般に軽んぜられていたのは理解できないことではない.ことにゲッチンゲンではリーマ

ンの影響が強く残っており,ワイヤストラスの考え方は
それほど重んじられていなかった.代数的数論ではデデ
キントのイデアル論を用いるほうが確かに分かりやすく,
ヒルベルトとその弟子達の手によりイデアル論を用いて
得られた一般類体論や相互法則などの結果は,そのとき
までにヘンゼルの方法で得られていた二,三の結果とは
比べものにならないほど大きなものであった.シュタイ
ニッツによる体の理論は一般によく知られていたが,キ
ュルシャク=オストロフスキーの付値論によって p 進数
を基礎づける仕事は当時なされたばかりであった.2次
形式論に p 進数を用いる私の処女論文の結果や,それに
続いて代数体における相互法則の明示公式について私の
得た結果が知られるようになっても,ヘンゼルの方法が
デデキントの方法と少なくとも同等の価値があることを
一般に認めさせることはできなかった.1922-25 年頃,
私はアルチンと p 進数論の価値についてたびたび話し合
ったが,彼はデデキントのイデアル論に入れあげていて,
そちらのほうがずっと簡単で美しいといい,ヘンゼルの
p 進数に対してはゲッチンゲンの旧師達と同様に哀れむ
かのように薄笑いを浮かべていた.私は上述の私自身の
成果の他に,次のことにも注目すべきではないかといっ
た.高等数論で問題となるのは,数の各元の乗法的な要
素あるいは合同式の法として用いられる素因子とその冪
が主であって,それらの積である一般のイデアルが用い
られることはそれほどないのだから,基礎づけには素因

子とその冪をまず構成するほうが,基礎理論の最後になって初めて必要となるイデアルを最初から準備してかかるよりも,合理的であり,教育的見地からもよいのではないか.イデアル論的な行き方では,明示的に構成されたものではなく,概念的な形式的定義を与えられたものを扱わねばならず,学習者は初めはイデアル概念の範囲をはっきり思い描くこともできないのではないか——こういった見方もアルチンを動かすことはできなかった.ずっと後に私が多元環論や類体論で大きな成功を収めてから,アルチンはようやくヘンゼルの方法の優秀性を認め,彼自身 p 進数論の基礎づけ(代数体の付値論)についての仕事もするようになったのである.

p 進解析はさらに進歩を続けた.ハーセは(上の引用で自分も述べているように)類体論を応用して局所類体論を証明したが,シュヴァレーがこれに続いて,局所類体論を,類体論を援用することなく,独立に証明することに成功した.このあたりはハーセの『類体論史』([36])を引用するのがよかろう:

高木の類体論では相対アーベル体 K/k に対応する合同因子類群 A/H による特徴づけに関して美的な観点から欠陥があった.この欠陥は法 $\mathfrak{m}$ に関する $A\mathfrak{m}/H\mathfrak{m}$ の一種の極限移行に由来している.p 進的な概念と手法が類体論に向けられた後,シュヴァレーはウェーバー=高木

の特徴づけをより滑らかなp進的特徴づけに置き換えるといううまいアイデアを思いついた．……かくしてローカル・グローバル・プリンシプルは類体論の中にしっかりと根を下ろしたということができよう．

シュヴァレーの「うまいアイデア」というのは，よく知られたようにイデール（idèle）のことである．これにより現在では，より単純な局所類体論をまず証明し，それを統合する形で類体論を証明するという道が取られるようになっている．なお，このイデールというのはideal èlementというフランス語とも英語ともつかぬハーセの造語から作り出されたものであるという．これは彌永昌吉先生からうかがった話である．

第6章
ついにフェルマーの大定理が証明された！

§1. 幾何学的な考え方の台頭

　永遠に未解決かと思われたフェルマーの大定理もついに陥落する日がやってきた．クンマー以降の発展を見るとき，代数的整数論による寄与は袋小路の様相を見せていたことは，ここまで読み進められた読者の目には明白だろう．解決のためにはまったく新しい突破口が必要だったのである．

　本章では，フライによるフェルマー問題の谷山予想への還元と，ワイルズによる谷山予想の解決，したがってフェルマーの大定理の解決に至る道筋を解説する．この分野はまだ発展の段階にあるので，本質を見抜く，さらに簡潔に整理された解説は後世を俟たねばならない．詳しい考証は第4節からにして，それまでまずは肩ならしとして幾何学的考え方を導入する．

　後世になってフェルマーの大定理研究の歴史が鳥瞰されるなら，クンマー以前の，合同式を主な道具とする初等数論的手法の時代とクンマー以後の代数的整数論による研究の時代，そして20世紀後半において華々しい発展を見せた楕円曲線論を初めとする幾何学的数論（あるいは，数論的幾何学）の手法を適用する時代に三分されることになろう．

フェルマー方程式
$$x^n + y^n = z^n \tag{6.1}$$
の両辺を z^n で割って，x/z を改めて x，y/z を y と書けば
$$x^n + y^n = 1 \tag{6.2}$$
を得る．この式の有理数解を求めるということと，フェルマー方程式 (6.1) の整数解（ただし $z \neq 0$）を求めるということとは同値である．式 (6.2) を C_n と記すことにしよう．C_n は幾何学的に考えれば，平面における曲線を表わしている．たとえば C_2 は，誰でも知っているように原点を中心とする半径 1 の円である．点 (x,y) の x, y 座標がともに有理数のときこれを**有理点**と呼ぶことにすれば，フェルマーの大定理は明らかに次のように言い換えることができる：

フェルマーの大定理の言い換え I $n \geq 3$ のとき，曲線 C_n 上には $(\pm 1, 0), (0, \pm 1)$ 以外の有理点は存在しない．

不定方程式を曲線や曲面という幾何学的な観点から捉えるのはヒルベルト (1891)，ポアンカレ (1901)（[71]，Chapter 17 参照）あたりから始まったのだが，本質的には 2 次曲線，3 次曲線の場合についていくらかの成果を挙げたのみで，その後は長らく研究が途絶えていたといっていいような状態であった．それが代数幾何学の発展とともに，改めて取り上げられるようになったのである．

まずはピュタゴラス数を円上の有理点として捉える方法

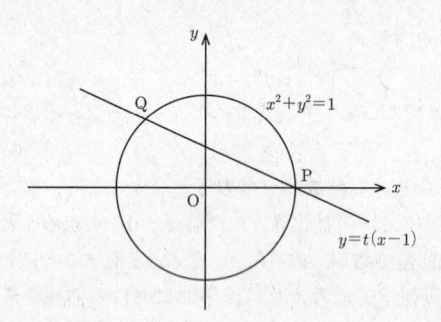

を説明することによって、幾何学的なアイデアというものの原点を見ておくことにしよう。これを初等的な方法による証明（第1章§2)，そして代数的整数論による証明（第1章§7)と対比させることによって，それぞれの手法の特徴が浮き彫りにされてくるであろう．

円 C_2 の上には自明な有理点 $P=(1,0)$ が存在するから，これを用いることにする．点 P を通る直線は $y=t(x-1)$ と表わすことができる．これを l と書こう（図 6.1 参照）．l と円 C_2 との交点は P の他にもう一つあって，それを $Q=(x,y)$ とすると，

$$x = \frac{2t}{1+t^2}, \quad y = \frac{1-t^2}{1+t^2} \tag{6.3}$$

であることは中学生にも計算できることである．傾き t が有理数であれば，x,y がともに有理数となるが，逆に x,y が有理数なら t も有理数でなければならないことが簡単に分かる．つまり $Q(x,y)$ が C_2 の有理点であるためには，傾

き t が有理数であることが必要十分である．この t を m/n と分数表示することによってピュタゴラス数を求めることができることは，簡単なことなので読者の勉強に残しておこう．

以上の考察は，円ばかりではなく，2次曲線であればどんな曲線でも通用することが容易に分かる．つまり，有理数係数の2次曲線（有理2次曲線と略そう）C の上に有理点 P が与えられていたとしよう．P を通る直線 l と C との交点の x 座標を求める方程式は2次方程式で，そのうち一つの解が有理数としてすでに与えられているので，もう一方は t の有理式，この際は分母が t の2次式として定まる．そして t が有理数ならば，x は有理数になる．このとき y 座標も有理数である．逆に，C 上の任意の有理点 Q を取ると，直線 PQ は有理数係数の1次式で表わせる．

このようにして次の定理が成り立つことが分かった．

定理 6.1 有理2次曲線が有理点を持てば，有理点の全体は1変数の有理式によってパラメータ表示（一意化）できる．

このことからまた，次もいえたことになる．

系 6.2 有理2次曲線の上に一つでも有理点があると，実は必ず無数に有理点がある．したがって2次曲線の上にある有理点の個数は 0 か無限かのどちらかである．

§2. モーデルの有限基底定理

先の定理 6.1 やその系 6.2 は 3 次以上の曲線に対してはもはや一般には成り立たない．正確にいえば，1 変数のパラメータの有理式によってすべての点が表わされてしまうような曲線は，**種数**が 0 であるといわれ，有理曲線とも呼ばれるのだが，本質的には（つまり，うまい双有理変換をすれば）2 次曲線にすぎない．種数が 1 で，有理点を少なくとも一つ持つ曲線は**楕円曲線**とも呼ばれて，本質的には

$$E : y^2 = x^3 + ax + b \tag{6.4}$$

という形で表わされる．ただし，右辺 $=0$ の 3 次方程式は重根を持たないとする．

たとえば

$$x^3 + y^3 + \cdots = 0$$

というような 3 次式が与えられたとしても

$$x + y = z$$

というような変数変換をすることによって，結局は (6.4) のような形にまで変形することができる．つまり楕円曲線とは少なくとも一つ有理点を持つような 3 次曲線のことである．

有理変換というのは，簡単のために 2 変数の場合で説明すれば，変数 X, Y のある有理式 $f(X, Y)$, $g(X, Y)$ によって $x = f(X, Y)$, $y = g(X, Y)$ と表わせる変数変換のことである．逆に，X, Y も x, y の有理式として表わせるなら，有理変換は**双有理変換**（birational transformation）と名付けられる．そして二つの平面曲線は双有理変換によって

移り合えるとき，**双有理同値**といわれる．われわれが本書で対象とする方程式はみな有理数係数だから，何もいわなかったが，有理変換に現れる係数はいつでも有理数であると仮定しておくことにする．そうすれば，有理点の像は有理点であることになり，変換の分母を 0 にするような特別な点を除けば，双有理同値な二つの曲線の有理点は 1 対 1 に対応しあうことになる．

例えば，曲線

$$y^2 = x^4 + 1 \tag{6.5}$$

は双有理変換

$$x = \frac{Y}{2X}, \quad y = \frac{8X + Y^2}{4X^2}$$

によって

$$y^2 = x(x^2 - 4) \tag{6.6}$$

に変換されるから，これらの曲線は双有理同値である．

そこで楕円曲線というものを厳密に定義しなおすと，(6.4) という形の 3 次曲線に双有理同値な曲線のことを楕円曲線と呼ぶのである．(6.5) は (6.6) と双有理同値であるから，4 次曲線 (6.5) は楕円曲線である．

さて，有理楕円曲線（つまり係数 a, b が有理数の楕円曲線）に有理点が一つ与えられていたとしても，円の場合に述べたような方法で他の有理点を求めることは必ずしもできない．それは 3 次方程式の一根が有理数であっても残りの解が有理数であるとはいえないからである．

フェルマー曲線 C_n は n が 3 のときは楕円曲線であるが，

3より大きいときはそうではない.つまり種数が2以上になってしまう.

ここで一般的に種数というものを求める公式を記しておこう.

種数の計算公式 非特異曲線 (non-singular curve) C が
$$C : f(x,y) = 0$$
という多項式で与えられているとし,f の次数を n とする.このとき C の種数 g は
$$g = \frac{(n-1)(n-2)}{2}$$
で与えられる.

曲線上の特異点とは微分できないような点のことで,例えば図 6.2,図 6.3 はどちらも原点が特異点である.図 6.4 は特異点が存在しないから,非特異曲線である.つまり楕円曲線というのは,有理点を少なくとも一つ持つような非特異3次曲線のことであるということができる.ところで,微積分学によれば,点 (x_0, y_0) が特異点である条件は
$$f_x(x_0, y_0) = 0, \quad f_y(x_0, y_0) = 0$$
が満たされることである.じつは射影平面で考えるのが合理的なので,あるいは無限遠点まで考えるからといっても同じことだが,
$$F(x, y, z) = z^n f(x/z, y/z) = 0$$
という n 次の斉次方程式に直して,

図 6.2 $y^2 = x^3$

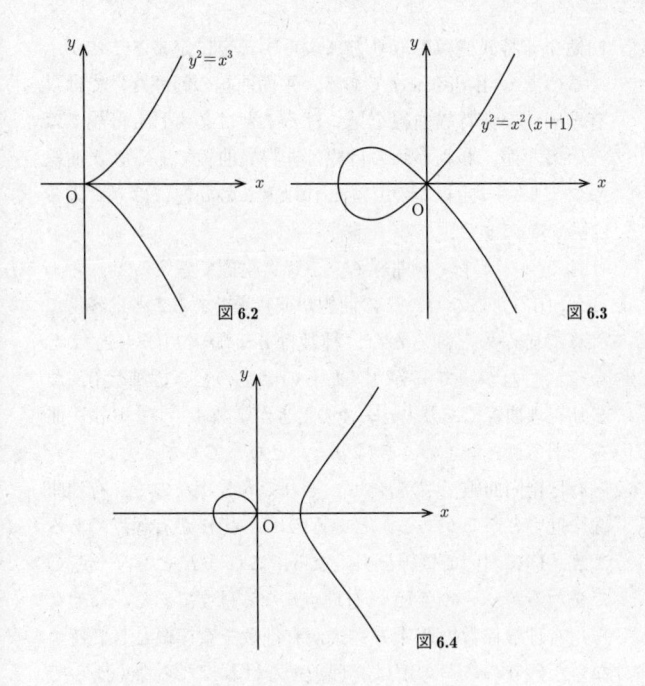

図 6.3 $y^2 = x^2(x+1)$

図 6.4

$$F_x(x_0, y_0, z_0) = F_y(x_0, y_0, z_0) = F_z(x_0, y_0, z_0) = 0$$

が成り立つ点 $[x_0, y_0, z_0]$ ($\neq [0,0,0]$) が存在しないとき，曲線 C は非特異であるというのが厳密な定義である．

曲線 C が特異点を持っているときはどうするか？ いま C' が C と双有理同値な非特異曲線であるとすれば，C の種数を C' の種数として計算する．この定義は C と双有理

同値な非特異曲線の取り方によらず一定に定まることが示せるので well-defined である．平面曲線の範囲だけでは双有理同値な非特異曲線を見つけることは必ずしも可能ではないのだが，われわれの目標は非特異曲線である 3 次曲線やフェルマー曲線なので，これ以上この問題には立ち入らないことにする．

さて，フェルマー曲線 C_n を斉次座標で考えると，ちょうど (6.1) になる．この曲線が非特異であることは容易に計算で確かめられるから，種数は $g=(n-1)(n-2)/2$ となる．したがって n が 1，あるいは 2 のときは種数 0，つまり有理曲線であり，$n=3$ のときが種数 1，つまり楕円曲線である．$n \geqq 4$ のときは $g \geqq 3$ となってしまう．

有理楕円曲線 E の場合は，それでも 3 次なので，有理曲線に近いところがある．というのは，点 P が有理点であるとき，P において接線を引くなら，これは E ともう一点 Q で交わるが，その点 Q は有理点になるはずである．なぜなら，有理数係数の 3 次方程式が有理数を重複根として持つなら，残りの一つの解は有理数でなければならないからである．Q において同じことを繰り返せば，また有理点が得られる．そうすれば，無限に有理点が得られる，と結論するのはちょっと早とちりである．というのは，このプロセスを繰り返したとき，途中で，すでに得られた有理点に戻ってしまうこともあり得るからである．早い話，P が特に変曲点であれば，P における接線が曲線 E と交わる点は P 自身にすぎない（これが変曲点の定義である）．

また有理楕円曲線 E の上に有理点が二つ与えられている場合にも，もう一つ有理点を得る方法があることも明らかである．すなわち，有理点 P, Q を結ぶ直線がもう一度 E と交わる点が有理点である．この接線や交線を用いる手法をここでは**接弦法**と呼ぼう．（接弦法に最初に言及したのはニュートンである．ニュートンは3次曲線の分類を考えた最初の人でもある．楕円曲線の歴史については [2], [104] を参照.)

フェルマーは
$$y^2 = x^3 - 2 \qquad (6.7)$$
という方程式には有理数解が無限にあることが「バシェの方法」によって（つまり接弦法によって）得られるということ，ならびに整数解は $x=3, y=5$ だけであることを主張している（書き込み第42項── [98], p.150 参照）．しかし本当に無数の解が得られることが厳密に証明されたのは20世紀になってからのことである（フエター，1930）．

ところで，楕円曲線上の有理点がいくつかの有理点を始点として接弦法によってすべて得られるというようなことはないだろうか．こうした視点はポアンカレの貢献から生れたが，現実のものにしたのはモーデルである（[2], [104] 参照）．すなわち，

モーデルの有限基底定理（1922） 有理楕円曲線上の有限個の有理点をうまく取ると，これらからすべての有理点が接弦法を用いて得られるようにすることができる．

図 6.5

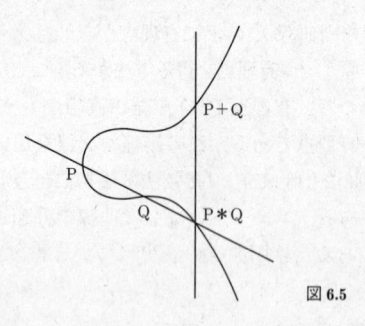

　この定理はもう少し現代数学的に美しく表現することができる．楕円曲線 E に無限遠点 O をつけ加えて考える（射影平面で考えるなら，O$[0,1,0]$ は $y^2z=x^3+axz^2+bz^3$ を満足するので，この曲線上の点である）．E 上の二点 P, Q を結ぶ直線が再び E と交わる点を P∗Q と記そう．P∗Q と x 軸に関して対称な点は E 上にあるので，これを P+Q と定める．P=Q のときにはもちろん P における接線を用いる．P∗O は P の x 軸に関する対称点だから P+O=P である．このように定義すると，E の点全体は O を単位元とする加法群（アーベル群）をなすことが証明される（図 6.5 参照）．

　証明には楕円曲線の加法定理を用いるのがいちばん簡明で，それを第 6 節で与えることにしよう．群という言葉を使うと，上に述べたモデルの定理が次のように言い換えられることは明らかである．

定理 6.3（モーデルの定理，[69]）　有理楕円曲線上の有理点の全体 $E(\boldsymbol{Q})$ は有限生成のアーベル群をなす．

この定理は楕円曲線論の基本定理というべきものであるが，有理点の全体 $E(\boldsymbol{Q})$ を生成する肝心の有限集合（**生成系**）を具体的に求める方法は，数多くの楕円曲線について実際に求めることはできるものの，一般論としては現在のところ知られていない．

アーベル群の基本定理を使うなら，
$$E(\boldsymbol{Q}) \simeq T \oplus \boldsymbol{Z}^r$$
と直和分解ができる．ここに T は有限群であって，**トージョン部分群**と数学の世界では呼ばれている．例えば $x^3+ax+b=0$ の実数解を α とする．この α が有理数であるような場合を考えよう．そうすると点 $\mathrm{P}(\alpha,0)$ は有理点である．そして $2\mathrm{P}=\mathrm{P}+\mathrm{P}=\mathrm{O}$ であることは図を描いてみれば分かることであるから，$\mathrm{P} \in T$ であることになる．次に $\boldsymbol{Z}^r$ は整数のなす加法群 $\boldsymbol{Z}$ の r 個の直和である．この r は $E(\boldsymbol{Q})$ の**階数**（ランク）と呼ばれている．r が 1 以上であることが，有理点が無数に存在するための必要十分条件であることはいうまでもない．この r を決定するのも一般的には容易ではない．また階数はいくらでも大きくできると考えられているが，未だ証明されてはいない．

§3. モーデル＝ファルチングスの定理

前節で述べたように楕円曲線上には有理点が無数にある場

合があるのだが,整点,つまり座標が整数であるような点はどうだろうか.フェルマーは (6.7) には一つしか整点がないことを主張したのだが,驚くべきことに楕円曲線どころか,種数が1以上の整数係数の曲線上にはいつでも整点は有限個しかないことが分かっている(ジーゲル,[84]).これを踏まえて,モーデルは次のようなとんでもなく大胆な予想を提示した:

モーデル予想 種数 g が2以上であれば,有理点でさえも有限個しか存在しない.

モーデル予想とフェルマーの大定理との関連は明らかである.つまり,フェルマー曲線 C_n の種数は $n \geq 4$ のとき2以上になるから,モーデル予想が正しいなら,C_n は有理点を有限個しか持たない,したがってフェルマー方程式 (6.1) は整数解を有限個しか持たないことになるのである.

20世紀中には解決しないだろうとされていたこの予想が1983年ドイツの数学者ファルチングスによって肯定的に解決されたのである([19]).このときファルチングスは24歳であったという.モーデル予想はこの日から定理となって,いまや「ファルチングスの定理」と呼ばれることも多くなったのだが,長い間予想として果たした役割からみて,「モーデル=ファルチングスの定理」と呼ばれてもいいのではないかと思う.さらにはフェルマーの大定理も最終的にワイルズによって証明されたことを承けて今後は「ワイル

ズの定理」と呼ぶのでは,それまでに寄与した数多くの数学者の名誉が消し去られてしまうように思う.「フェルマーの大定理」のままでいいのではないだろうか.

それはとにかくとして,モーデル予想の証明は「フェルマーの大定理」という狭い世界から見ても,主役が代数的整数論から幾何学的数論に移行したことをはっきりと宣告した重要な出来事であったといえよう.

しかし,この方面からフェルマーの大定理を完全に解決するのはなかなか困難であると思われる.フェルマー方程式 (6.1) に解が有限個しかないといっても,100億でも1兆でも有限個である.これだけしかないという保証がなければ,安心ができない.——というわけで,次のような課題が待ち受けている.まず,

(1) 各指数 n に対して,解の大きさの限界 $M(n)$ が与えられなければならない.

そして次に,

(2) その限界 $M(n)$ 内に自然数解は存在しないことを確認しなければならない.

(1) が解決されるということは幾何学的数論にとって記念碑的な事件になるであろう.一度はそうした結果が得られたと報道されたが,真に解決されるのにはもう少し時間がかかりそうである.仮にそうした結果が得られたとしても,(2) の課題が待っている.数学者の中には,(1) が解決されれば本質的にはフェルマー問題は終わったと考える人も多いだろう.しかし,純粋の数論屋の立場からい

えば，最初に得られる評価 $M(n)$ などは実に甘い，例えば $\exp(\exp(\exp n))$ とでもいった数値に違いない．計算機でそこまでの数がフェルマー方程式を満足しないことを確認することができるように限界を改良していくのは，整数論の立場からみれば，重要な仕事である．とはいえ，先にもいったように，整数解の限界がどんな形であろうと得られるなら，きわめて大きな業績として評価されることは間違いない．

§4. 遠祖ディオファントス

本節以降の数節を曲線，特に楕円曲線論を数論に応用するアイデアがどのようにして登場したか，その歴史に充てることにしよう．第1節で述べたように，フェルマー方程式などの代数方程式は幾何学的には曲線と見なせるわけである．このように，同じものが代数的にも，幾何的にも，あるときは解析的にも見ることができるというのが数学のおもしろいところである．また，そのように多様な見方のできる対象が，奥が深いとか，神秘的であるとか称されて，豊かな成果を生み，何世紀にも互って発展する事例が多いのである．

不定方程式論の場合についていうと，解析幾何という学問が生まれたのは，第2章で述べたように，17世紀になってからであったこと，また，式を因数分解する方法のほうが思い付きやすいアイデアであったことなどから，まずは代数的な方法が先に発達したのである．そして，その目で

§4. 遠祖ディオファントス

歴史を見てみるならば、ディオファントスの仕事もフェルマーの仕事も、すべて代数的な数論の先駆であったことがわかったのであった。ところが、数論の幾何学的な研究が発達してきたという事態を受けて歴史を見直してみると、ディオファントスの仕事もフェルマーの仕事も、幾何的数論の先駆でもあったということが知られる。「歴史を知る」というのは所詮そういうものなのであろう。その気になって見ようとしなければ、そこにそれを見ることはできないのである（時には、そこにないものすら見る間違いを犯すが）。

例えば、ギリシャ時代には公理（公準）とは単に要請という意味であった。そのことはアリストテレスの書物にもはっきり書かれている（そればかりか私が『$\sqrt{2}$の不思議』（光文社；カッパ・サイエンス）の中でいくつかの根拠をもとに指摘したように、非ユークリッド幾何学が模索された可能性すらあるのである）。それなのに、中世以来の見方にとらわれて、「公理とは自明な命題のことである」と見なしてきたのである。こういうのを「見れども見えず」というのであろう。その目で見て初めて見えるという好例である。

特に、ディオファントスの業績は大いに見直されなければならない。ディオファントスは第1章で述べたように『算術』と呼ばれる著書13巻を著した。これは、実は2次曲線上の有理点を求めることを要求する問題集であるとみなすことができる。その実証として、『算術』で扱われている例をいくつか下に挙げることにしよう。

例 6.1　与えられた平方数を二つの平方数の和に分けよ. これは 41 ページで取り上げた例で,
$$x^2 + y^2 = n^2$$
の有理点を求めよ, と言い換えることができる. これを幾何学的に解く方法は第 1 節で述べたとおりである.

例 6.2　与えられた数が二つの平方数の和であるとき, これを別の二つの平方数の和に分けよ.

例えば, $13 = 2^2 + 3^2$ を知って
$$13 = x^2 + y^2$$
の別の有理点を求めよ.

これは, 例 6.1 と似た例だが, 自明な有理点が存在しないところが違う. そのかわり, 一つ有理点が与えられているのである. 解き方は例 6.1 と同じである.

例 6.3　2 連方程式
$$a_1 x + b_1 = \Box, \quad a_2 x + b_2 = \Box$$
例えば,
$$x + 2 = \Box, \quad x + 3 = \Box$$
の有理解を求めよ.

最初の□を u^2, 後の□を v^2 と置き, x を消去すれば, 2 次曲線の問題であることがわかる.

ディオファントスの扱った非特異 3 次曲線は
$$y^2 = x^3 + 2$$
および
$$y^2 = x^3 - 2$$
の二つだけで, これはたまたま解がうまく見つかった場合

であったといえる．『算術』においては3次曲線に対する，フェルマーのいう「バシェの方法」（前節で接弦法と名付けた方法）にあたる手法の適用は見られない．

ディオファントスの『算術』は，上の例でわかるように，問題は整数係数で与えられているとしても，もっぱら「有理点」，代数的にいえば，「有理数解」を求めた著作で，整数解が見つからない場合に，やむなく有理数解を求めているというのではないことは注目に値する．古くは，整数解にこだわったので，有理数解ばかりを求めている『算術』はそれほど価値が高くないと見なされていたものであった．

なお，最近見つかった『算術』の一部（アラビア語テキスト，9世紀頃の写本と考えられる：テキストならびに英訳は [82]）には3次以上の方程式が頻出するが，非特異3次曲線の問題に還元されるものは見当たらない．したがって，散逸した『算術』の諸巻にはさらに高度な問題が扱われていたという可能性は薄いだろう．アラビア語版テキストが真正の『算術』であるかどうか，いくらか疑問の余地もあるが，いずれにしても，不定方程式の有理数解を求める伝統がアラビアに受け継がれていたことははっきりしている．

§5. 始祖フェルマー

フェルマーが著した有理点に関する著作は，ギリシャ語原典からバシェが訳した『算術』の余白に書き込んだ《Observationes（欄外書き込み集）》（Obs. と略記する）の

他に，心酔者である神父ジャック・ド・ビリに書かせた《Doctrinae Analyticae Inventum Novum》(Inv. Nov. と略記する) がある．この Inv. Nov. は全編，いまでいう楕円曲線上の有理点の考察に当てられた長大な論文である．フェルマーの扱った例をいくつか挙げてみよう．

例 6.4 (Obs. 3)　二つの立方数の和である数を他の二つの立方数の和に表わせ：言い換えれば，
$$x^3 + y^3 = a \neq 0$$
の解が一つ与えられたとき他の解を無数に求めよ．

これはディオファントスの問題 (例 6.2) を 3 次にしたものである．

例 6.5 (Obs. 45)　(有理) 数を 3 辺とする直角三角形の面積は平方数ではありえない．言い換えると，
$$x^2 + 1 = \Box, \quad x^2 - 1 = \Box$$
は解を持たない．

一般に，n を自然数として，n を面積に持つような直角三角形 (有理数を辺に持つ) が存在するとき，n は合同数 (congruent number) であるといわれる．本当は，調和数とでも訳すべき言葉なのだが，合同数という用語がまかり通っているので，そのまま採用することにしよう．さて，
$$x^2 + y^2 = z^2, \quad n = \frac{1}{2} xy$$
とする．第 2 式を 4 倍して，2 式を加減する．そして，$X = z/2$ と置き，$(x \pm y)^2$ をそれぞれ □ と書けば，n が合同数であるためには，

$$X^2+n = \square, \quad X^2-n = \square \tag{6.8}$$

が（有理数）解を持つことが必要十分であることがわかる．

5が合同数であることは，フィボナッチ（ピサのレオナルド）によって示された．ただし，フィボナッチは図形的な意味にはまったく触れていず，単に2連方程式

$$x^2+5 = \square, \quad x^2-5 = \square$$

の解を求めたのであった．この問題を巡って，彼は中世に公刊された唯一の数論の書 *Liber Quadratorum*（『平方の書』，英訳 [23]）を著したのだが，この中で合同数という用語を導入したのである．さらにフィボナッチはこの書物の中で，証明は正しくないにしても，平方数は合同数ではないという命題（例 6.5）を述べている．こうしたことから，この命題を「フィボナッチ＝フェルマーの定理」と呼ぶ人もいる．

式 (6.8) において $x = X^2$ と書いてみると，(6.8) はフェルマーのいう3連方程式

$$x = \square, \quad x+n = \square, \quad x-n = \square \tag{6.9}$$

となる．辺々掛け合わせてみれば，楕円曲線

$$y^2 = x(x^2-n^2) \tag{6.10}$$

を得る．この楕円曲線が $y=0$ 以外の有理点を持たないことがわかれば，3連方程式 (6.9) が解を持たないこと，したがって n は合同数ではないことが示されたことになる．後でも述べるように，逆に3連方程式 (6.9) が解を持たなければ，楕円曲線 (6.10) も自明でない有理点を持たないことが証明できる．このように，合同数問題という古典

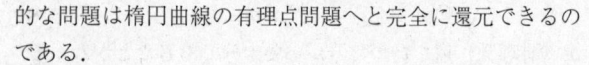

的な問題は楕円曲線の有理点問題へと完全に還元できるのである.

例 6.6（Obs. 16） 3 連方程式
$$x+1=\square, \quad 3x+1=\square, \quad 8x+1=\square$$
の解を求めよ.

例 6.7（Inv. Nov., Pt. 1, 15） 2 連方程式
$$x^2+x+2=\square, \quad x^2+3x+3=\square$$
の（$x=-2$ 以外の）解を求めよ.

例 6.8（Inv. Nv., Pt. 3, 12） 不定方程式
$$x^4+4x^3+10x^2+20x+1=\square$$
の（$x=-3$ 以外の）解を求めよ.

例 6.9（Inv. Nov., Pt. 2, 11） 3 連方程式
$$x+1=\square, \quad 2x+1=\square, \quad 3x+1=\square$$
は（$x=0$ 以外に）解を持たないことを示せ.

例 6.10（Inv. Nov., Pt. 2, 10） 3 連方程式
$$5x+1=\square, \quad 16x+1=\square, \quad 21x+1=\square$$
は無数に解を持つことを示せ.

以上の諸例は，このままの形では楕円曲線の有理点の問題には見えないが，簡単な双有理変換を行なうことによって，楕円曲線の問題に直せるので，まずそのことの確認から始めよう.

例 6.4 に現われた曲線
$$x^3+y^3=a$$
は楕円曲線である．これは

$$x = \frac{1-Y}{X}, \quad y = \frac{Y}{X}$$

という双有理変換を行なってみればわかることである.

フェルマーの扱った 3 連方程式は例 6.6, 6.9, 6.10 に見るように, いずれも

$$a_1 x + 1 = \Box, \ a_2 x + 1 = \Box, \ a_3 x + 1 = \Box \quad (6.11)$$

という形にまとめることができる. まず

$$x = \frac{X^2 - 1}{a_1}$$

と置いて, これを第 2, 第 3 の式に代入して整理すると,

$$A_1 X^2 + B_1 = \Box, \quad A_2 X^2 + B_2 = \Box \quad (6.12)$$

ここに

$$A_1 = \frac{a_2}{a_1}, \quad B_1 = 1 - \frac{a_2}{a_1}, \quad \cdots\cdots$$

である. これは例 6.7 と同様 2 連方程式で, $X = 1$ を解として持っている. (6.12) は幾何学的に見ると, 3 次元空間における二つの 2 次曲面の交線であるが, 実はこれは楕円曲線になっている (その証明はヴェイユ [102], 第 2 章, 付録 III を見よ). そのことを頭に入れて, うまい双有理変換を行なうと, (6.12) は

$$y^2 = x(A_1 x + B_1)(A_2 x + B_2)$$

となる. つまり, (6.11) は

$$y^2 = (a_1 x + 1)(a_2 x + 1)(a_3 x + 1)$$

と双有理同値である. これによって, 例 6.8 以外はすべて楕円曲線の有理点に関する問題であることがわかった.

残るは例 6.8 であるが，ここでは有理点を少なくとも一つ持つ 4 次曲線
$$y^2 = f(x) \qquad (f(x) は x の 4 次式)$$
は楕円曲線であることを指摘するに止めよう．一例として，$y^2 = x^4 + 1$ は楕円曲線であることを示しておこう（一般的な証明はモーデルの著書 [71] の第 10 章を参照せよ）．

曲線
$$y^2 = x^4 + 1 \tag{6.13}$$
は第 2 節で述べたように，双有理変換
$$x = \frac{Y}{2X}, \quad y = \frac{8X + Y^2}{4X^2}$$
によって
$$Y^2 = X(X^2 - 4) \tag{6.14}$$
に変換されるから，4 次曲線 (6.13) は楕円曲線である．曲線 (6.13) が $x = 0$ で与えられる自明なもの以外に有理点を持たないという命題は方程式
$$x^4 + y^4 = z^2$$
が自然数解を持たないと言い換えられる．これはフェルマーの大定理の $n = 4$ の場合として，pp. 137-139 にオイラーによる証明を紹介したものである．したがって楕円曲線 (6.14) が $y = 0$ となる自明な有理点しか持たないこともわかる．ということは，$4 = 2^2$ だから，先に述べたことから，2 は合同数ではないことを証明したことにもなる．

楕円曲線 E 上の有理点 P が与えられたときに，点 P における接線が再び E と交わる点を求めることによって E

の新しい有理点を得る，先に接弦法と名付けた方法をフェルマーはバシェの方法と呼んでいる．したがって，これはフェルマーの独創ではないが，数々の問題に適用して楕円曲線の数論といえる理論にまで発展させたのは，間違いなくフェルマーの功績である．

上掲の諸例はすべて，$x=0$（あるいは x を $1/x$ と変数変換して $x=0$ としたもの）を与えられた有理点として持っている．しかし，フェルマーは0を数とは見なしていなかった．また，例 6.7, 6.8 は負の数があらかじめ解として与えられているが，負数もこの時代には数と認められていなかった．したがって，フェルマーは意識してはいなかったとしても，現代の目から見ればフェルマーの扱った問題はすべて，視察で容易にわかる有理点を持つ楕円曲線上に有理点が無数にあるか否かを問う問題であったことがわかる．モーデルの有限基底定理を利用するなら，階数 r が正か否かを問うているのである．

ここでフェルマー自身による3連方程式の解法を説明しておこう．3連方程式 (6.11) において

$$x = a_1 y^2 + 2y$$

と置いてみると第1式は満たされるので，これを第2式，第3式に代入する．2式の差を作ると，

$$(a_2 - a_3)y(a_1 y + 2) = u^2 - v^2 = (u+v)(u-v)$$

となる．そこで

$$u+v = (a_2 - a_3)y, \quad u-v = a_1 y + 2$$

として，u, v を y の1次式で表わす．例えば，u を第2式

に代入して y を求めるというのがフェルマーの方法である.この方法によれば,

$$u = \frac{a_1 + a_2 - a_3}{2}y + 1$$

であるから,

$$a_1 + a_2 = a_3 \tag{6.15}$$

の場合にはうまくいかない. 上掲の, 例 6.9, 6.10 の場合がそれに当たる. このうち, 例 6.9 には解がないことの証明を持っているとフェルマーは主張している (が, その証明は残されていない). しかるに, 例 6.10 は無数に解を持つと指摘している. このように, フェルマーは, いまでいう楕円曲線の有理点問題に関心を持ち, 深い研究をしていたのであった.

なお, 例 6.6 には $x = 120$ という自然数解がある. つまり, $1, 3, 8, 120$ という集合から任意に 2 数を取ってくるとき, その積に 1 を加えると平方数になるのである. この集合にさらに自然数を加えて同じ性質 (2 数の積 + 1 = □) を持たせることはできないことはベーカーによって証明された (1969 年). つまり, 例 6.6 には自然数解は 120 以外にはないのである. ついでにいうと, $3, 8, 21, 2080$ という集合も同じ性質を持つ. しかし, 同様の性質を持つ五つの自然数の集合があるのかどうかは, まだ知られていないように思う.

(6.15) の場合にフェルマーの方法がなぜうまくいかないのかはザギェ [97] によって解明された. まず, 先に述

べたように，曲線 (6.11) は
$$y^2 = (a_1 x + 1)(a_2 x + 1)(a_3 x + 1) \qquad (6.16)$$
と双有理同値である．楕円曲線 (6.16) 上には自明な有理点 $P(0,1)$ がある．また，$x = -1/a_1, -1/a_2, -1/a_3$ に対応する点は位数 2 を持つ有理点である．後述のメーザーの定理（定理 6.5）を適用すると，点 P が有理的トージョンであるための必要十分条件が簡単に出てくる．全部で四つあるその条件の一つが (6.15) というわけである：その他の条件は $\sqrt{a_1} + \sqrt{a_2} = \sqrt{a_3}$ など，無理式で与えらえる．したがって，これらが満たされないならば，点 P は無限位数を持つことになり，その結果，もとの 3 連方程式は無数の有理数解を持つことになる．

もちろん，点 P がトージョン点であっても，他に無限位数を持つ有理点が存在する場合がありうるわけで，その一例が例 6.10 である．

フェルマーは大定理の $n=4$ の場合，すなわち
$$x^4 + y^4 = z^4$$
には自明でない解が存在しないことを証明している．この曲線の種数は 3 であるけれども，実際には pp. 99-101 で調べたように
$$x^4 - y^4 = z^2$$
という種数 1 の曲線に問題を還元して解いているわけで，あの「ただ一度の魔がさした瞬間」を除けば，一度たりとも種数 1 という守備範囲から逸脱した考察をしたことはなかったというヴェイユの指摘は説得的である．こうしたこ

とからも，フェルマーはフェルマーの大定理の証明など持っていたはずはないという心証をわれわれが抱くのは当然である．

§6. 群構造の発見

本節では，楕円曲線上の点の集合が群をなすという事実が発見されるまでの歴史を辿る．（楕円曲線の歴史については [2]，[104] を参照せよ．）後の便宜のために，まず楕円関数について基礎事項をまとめておくことにする（楕円関数の簡単な教科書としてはフルヴィッツ＝クーラント [118] を奨めておこう）．

楕円関数とは複素平面 C 上で定義された 2 重周期を持つ有理型関数のことである．$f(z)$ を楕円関数とすると，その周期の全体 Λ は加群をなし，
$$\Lambda = Z\omega_1 + Z\omega_2$$
となるような基底（基本周期）ω_1, ω_2 が存在する．平行四辺形
$$\Pi = \{u_1\omega_1 + u_2\omega_2 \mid 0 \leq u_1 < 1,\ 0 \leq u_2 < 1\}$$
を周期平行四辺形という（図6.6）．楕円関数 $f(z)$ が周期平行四辺形 Π 内に位数をも考慮に入れて r 個の極を持つとき $f(z)$ の位数は r であるという．

簡単にわかるように，与えられた複素平面の階数 2 の加群 Λ を周期とするような有理型関数の全体は体をなす．実は，さらに正確には次が成り立つ：

図 6.6

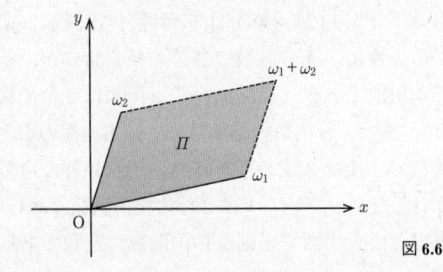

定理 6.4 Λ を周期に持つ楕円関数のなす体 K は
$$K = \boldsymbol{C}(\wp, \wp')$$
と表わされる.ここに,$\wp$ は(Λ を基本周期に持つ)ペー関数で,$\wp'$ はその導関数である.

簡単にいえば,$\wp$ 関数とその導関数がわかれば,楕円関数のことはすべてわかったことになるのである.そういうわけで,$\wp$ 関数についてもう少していねいに説明するのは意義のあることであろう.

Λ の基底を ω_1, ω_2 とする:
$$\Lambda = \boldsymbol{Z}\omega_1 + \boldsymbol{Z}\omega_2$$
そして
$$\wp(z) = \frac{1}{z^2} + \sum_{\omega \in \Lambda - 0} \left(\frac{1}{(z-\omega)^2} - \frac{1}{\omega^2} \right) \tag{6.17}$$
によって定義される関数 $\wp(z)$ は Λ を周期とする楕円関数で,ワイヤストラスの $\wp$ 関数と呼ばれる.ワイヤストラスは 1840 年以降 70 年代にかけて楕円関数論を研究したので

ある(デュドネ [112],第 VII 章参照).$\wp$ 関数は定義式からわかるように,Λ の各数で 2 位の極を持つが,それ以外の点では正則である(したがって $\wp$ 関数は 2 位の楕円関数である).また,$\wp$ 関数の導関数 $\wp'(z)$ も当然のことながら楕円関数で,Λ で 3 位の極を持ち,それ以外の点では正則である(したがって $\wp'(z)$ は 3 位の楕円関数である).こうした事実と,全平面で正則な楕円関数は定数であることを使えば,$\wp$ と $\wp'$ の間には

$$\wp'^2 = 4\wp^3 - g_2\wp - g_3 \tag{6.18}$$

という関係が成り立つことが簡単に示される.ここに,g_2, g_3 は

$$g_2 = 60 \sum_{\omega \in \Lambda - 0} \frac{1}{\omega^4}, \quad g_3 = 140 \sum_{\omega \in \Lambda - 0} \frac{1}{\omega^6} \tag{6.19}$$

で定義される定数,いわゆる $\wp(z)$ の不変量である.

体論の基礎をご存知の読者には明らかなことだが,老婆心までに付け加えると,楕円関数のなす体 K は体としては 1 変数有理関数体 $\boldsymbol{C}(x)$ 上の 2 次方程式 $y^2 = 4x^3 - g_2 x - g_3$ によって定義される 2 次拡大 $\boldsymbol{C}(x, y)$ である.$\boldsymbol{C}(x)$ の有限次拡大を代数関数体というのだが,楕円関数体は体としては最も簡単な構造の代数関数体をなしているわけである.というのも,右辺が x の 2 次式であれば,x, y がパラメータ t を使って有理式で表示できるので,$\boldsymbol{C}(x, y)$ は 1 変数有理関数体 $\boldsymbol{C}(t)$ と同型になってしまうからである.

$\wp$ 関数とその導関数が(6.18)という関係を持つということは

$$x = \wp(z), \quad y = \wp'(z)$$

とおくとき,複素点 (x,y) は任意の複素数 z に対して楕円曲線

$$y^2 = 4x^3 - g_2 x - g_3 \tag{6.20}$$

の上にあるということである.実際にはこうして定めた点 (x,y) が (6.20) のすべての点を覆うことが関数論的に示される(フルヴィッツ=クーラント [118],p.96 参照)から,楕円曲線 (6.20) は楕円関数によってパラメトライズされることがわかったことになる.しかも,g_2, g_3 を

$$g_2{}^3 - 27 g_3{}^2 \neq 0 \tag{6.21}$$

という条件のもとに任意に与えるとき,関係式 (6.19) を満たすような ω_1, ω_2 を取ることができるから(フルヴィッツ=クーラント [118],p.92),任意の楕円曲線は楕円関数によってパラメトライズされることになる.実は,(6.20) という形の曲線が楕円曲線と呼ばれるのは,この事実に基づくのである.楕円曲線という名称はだれの命名か,私は知らないが,ウェーバーの『代数学』([92];1908)にはすでにこの言葉が見えている.しかし,1919 年頃までのクラインの講義を再現した『19 世紀数学の展開』([105])ではそう呼ばれていないから,必ずしも一般的なものではなかったらしい.ちなみに,楕円関数という用語はルジャンドルに負うが,彼はこれをいまでいう楕円積分の意味で使ったのである.

さて,楕円関数の持つ性質を使って楕円曲線が加群構造を持つことを証明しておこう.いま,楕円曲線 (6.20) が

与えられたとしよう．条件 (6.21) は (6.20) の右辺 $=0$ が重根を持たないことから当然満たされている．このことは今後いちいち断らないことにする．
$$f(z) = \wp'(z) - a\wp(z) - b$$
とおく．定数 a, b は直線 $y = ax + b$ が 2 点

$\quad$ $P_1(\wp(z_1), \wp'(z_1))$ および $P_2(\wp(z_2), \wp'(z_2))$

を通るように定める．すなわち，
$$a = \frac{\wp'(z_1) - \wp'(z_2)}{\wp(z_1) - \wp(z_2)}, \quad b = \wp'(z_1) - a\wp(z_1)$$
である．

$x_1 = \wp(z_1), x_2 = \wp(z_2), y_1 = \wp'(z_1), y_2 = \wp'(z_2)$
とおく．当然のことながら，
$$y_1 = ax_1 + b, \quad y_2 = ax_2 + b$$
が成り立つ．関数 $f(z)$ は 3 位の楕円関数で，$z = 0$ が 3 位の極であるから，周期平行四辺形内の極の和は 0 である．極の和は Λ を法として零点の和と合同だから ([118], p.17)，
$$z_1, \quad z_2, \quad -(z_1 + z_2)$$
が $f(z)$ の零点のすべて（もちろん，Λ を法として）ということになる．

ここで，
$$x_3 = \wp(z_1 + z_2), \quad y_3 = \wp'(z_1 + z_2)$$
とおけば，$-(z_1 + z_2)$ が $f(z)$ の零点であることと，$\wp'(z)$ が奇関数であることによって，
$$ax_3 + b = -y_3$$
を得る．つまり，点 $P_3(x_3, y_3)$ は $P_1(x_1, y_1)$ と $P_2(x_2, y_2)$

を結ぶ直線が再び楕円曲線 (6.20) と交わる点を x 軸で折り返した点である.これは,ちょうど第2節で述べた和 P_1+P_2 の定義と一致する.

以上証明してきたことは次のように総括できる:複素数 z に曲線 (6.20) 上の点 $(\wp(z), \wp'(z))$ を対応させる写像を $P(z)$ と記すことにしよう:
$$P(z) = (\wp(z), \wp'(z))$$
この写像は全射で,しかも
$$P(z_1+z_2) = P(z_1)+P(z_2)$$
が成り立つ.ところが,複素数の全体 C は加群(つまり,+という演算で群)をなすのであるから,像である曲線 (6.20) も群をなすことになる.加法単位元 O は $P(0)=(\wp(0), \wp'(0))$ であるが,$\wp(0)$ も $\wp'(0)$ も ∞ であるから,O は平面上にはない点である.これを無限遠点と呼んで,平面に追加して考える(射影平面という考え方から無限遠点を見る方法については,例えばシルヴァーマン=テイト [107] の付録 A を参照するとよい).

おもしろいことに,楕円関数論が深く研究されるようになって以来はるかに遅れて非特異3次曲線に群構造を入れることができるという事実が認識された.群という概念自身は20世紀初頭には常識になっていたにも関わらず,楕円関数の加法定理が曲線に群構造をもたらしていることには気付かれなかったのである.

不定方程式と楕円関数との関係に初めて気が付いたのはヤコービ [45] であろう.そこではオイラーの書き残した

4次曲線の有理点問題，つまり，例えば例 6.8（p.264）のような4次曲線上に，一つ有理点が与えられたとき，次々と他の有理点を求める問題を楕円関数の加法定理を使って（具体的に解いてみせたわけではないが）一般的に解く原理を説明している．

この論文の最後に，次のように，こういった原理がオイラーを初めとする楕円積分の開拓者にわからなかったはずはないと指摘しているが，実際にはオイラーが不定方程式論を曲線論，積分論と結び付けて考えたことは一度もなかったのである（高瀬正仁氏の訳による）：

　先行者であるオイラーこのかた，いわゆるディオファントス問題に関する諸論文は，楕円関数の解析にも属するのであるから，積分算の愛好者たちがそれらの論文を果実を摘むこともなく読み飛ばしてしまうわけはないということに注意を喚起したいと思う．

代数曲線の解析関数によるパラメトリゼーションを一般的に研究したのはクレプシュ（1833-72）が最初である．例えば，**種数1**（この名称もクレプシュによる）の曲線が楕円関数によってパラメトライズされることを示した（[7]）．これを使って，例えば3次曲線の変曲点の個数や，3点の共線条件など，古典幾何学の数多くの問題が解かれたのである（クライン [105]，第 VII 章，およびデュドネ [112]，第 VII 章参照）．

§6. 群構造の発見

ポアンカレは代数体上定義された代数曲線の有理点の集合について一般的に考察した。論文 [73] (1901) では楕円関数によるパラメトリゼーションを使って、パラメータ $u_1, \cdots, u_n$ から基本操作（接弦法）を繰り返して得られる点は

$$\sum_{i=1}^{n} x_i u_i, \quad \sum_{i=1}^{n} x_i \equiv 1 \pmod{3}$$

であると主張している。

いま、$\wp$ 関数を使ってポアンカレのいうところを解説してみよう。P_1 を複素数 u_1 に対応する曲線 (6.20) 上の点とする。すなわち、$P_1 = (\wp(u_1), \wp'(u_1))$ である。点 P_1 から基本操作（いまは接線を引くこと）によって得られる点 $P*P$ は $(\wp(-2u_1), \wp'(-2u_1))$ である。このとき、$-2 \equiv 1 \pmod{3}$ が成り立つ。つぎに P_1*P_1 から接線を引いて得られる点は $P_1*P_1*P_1*P_1$ で、これは $(\wp(4u_1), \wp'(4u_1))$ で、やはり $4 \equiv 1 \pmod{3}$ が成り立つ。もう一つの点 $P_2 = (\wp(u_2), \wp'(u_2))$ が与えられたとき、例えば P_1 と P_2 から基本操作を行なって得られる点 P_1*P_2 は $-u_1-u_2$ に対応する点で、係数の和は $-1-1 \equiv 1 \pmod{3}$ を満たしている。こうしてポアンカレのいう公式が成り立っていることがわかるのである。

この表示法を見てもわかるように、ここには楕円曲線が群をなすという意識は見られない。一点 O を定めて、この O を中心として対称点を取るという操作（パラメータでいえば、u に $-u$ を対応させる操作）を基本操作に含めるこ

とを除外しているのが，群構造に気付かれなかった理由のように思われる．なお，ポアンカレは点の個数 n を増やしていけば，すべての有理点が尽くされるようにできると暗黙のうちに認めているようで，そういう n の最小数を階数というと定義している．

フルヴィッツ（[44]）はポアンカレと同じ上記の考察から始めて，特に，有理点の集合 $E(\boldsymbol{Q})$ が有限集合となる場合を扱っている．この際には，「有限集合 $E(\boldsymbol{Q})$ において演算が閉じているので $E(\boldsymbol{Q})$ は群をなす」ということが明確に指摘されている．言い換えれば，$E(\boldsymbol{Q})$ が一般的にも群をなすということを認識していなかったという事実を告白していることにもなる．また有理点を持つ非特異3次曲線は双有理変換によってワイヤストラスの標準形 (6.20) に直せることも述べられている．このことを使って，
$$x^3 + ay^3 + bz^3 = 0$$
という型の不定方程式に関する結果から，$E(\boldsymbol{Q})$ の位数が $2, 3, 4$ となる楕円曲線の例を与えている．なお，ベッポ・レヴィ（[65]）はオッグ予想とも呼ばれた，トージョン部分群の位数に関する命題（定理 6.5）をすでに予想していて，1908 年にローマで開かれた国際数学者会議（ICM）でも講演しているが，だれも注目しなかったようである．

フェルマー以来の楕円曲線の具体的な有理点問題に，楕円関数論を応用したのはヘーンツェルが最初であろう．彼は，例えば，方程式
$$y^2 = 4(x+8)(x^2 - 8x + 43)$$

に $\wp$ 関数を応用して解を求めている（[33] 他）．

さて，群 $E(\boldsymbol{Q})$ が有限生成加法群であるという，ポアンカレ予想を証明したのはモーデル（[69]；1922）である．しかし，この表現は今風で，彼自身は群構造ということは意識していず，ポアンカレ同様，「有限個の点から接弦法によってすべての有理点が得られる」と述べている．モーデルが自分で後に述べているところに従えば，不定方程式
$$y^2 = Ax^4 + Bx^3 + Cx^2 + Dx + E$$
に整数解が有限個しか存在しないことを証明しようとして失敗し，その過程を振り返っているうちに有限基底定理の証明ができているのに気付いたのだという（[70]）．4次の不定方程式に代数的数論を適用したその証明法の概略は [71] に紹介されている．

論文 [69] には，加群というような用語は現われないけれども，すでに有限個のパラメータ $u_1, \cdots, u_n$ が取れてすべての有理点が
$$m_1 u_1 + \cdots + m_n u_n, \quad m_j \in \boldsymbol{Z}$$
という形に書けるという表現になっている．これによって，モーデル，あるいはポアンカレとモーデルの間のころに，少なくとも implicit には，つまりパラメータのほうでは，加群をなすという事実が気付かれたものと思われる．幾何的にいえば，これは曲線自身に群構造をもたらしているのだが，この最後の「小さな一歩」にはモーデルは何も言及していない．

どうでもいいようなものだが，モーデルはイギリス人だ

と本書，第2版には記したが，これは間違いで，実はアメリカ人である．正確にいえばリトアニア移民の子で，小さい頃は結構苦労したらしい．片道切符を買ってイギリスに渡り，奨学金を得てケンブリッジ大学に入学する話が，弟子キャッセルズによる追悼文 [6] に出ている（この追悼文のことは木田雅成君に教えてもらった）．

モーデルの有限基底定理の難解な証明を簡易化したのは，ヴェイユ（[93]）である（実は，単なる簡易化ではなく，任意の種数を持つ曲線にまで一般化したのだが，ここでは触れない）．この論文ではパラメータの加法演算の幾何学的な意味も説明し，「この加群が有限生成であることを証明する」と宣言している．また，その証明も（モーデルの場合と違って）群であるという事実が基本的に使われている．このような次第を斟酌すれば，楕円曲線の群構造を explicit に指摘した人はヴェイユであるといってよいことになるのではなかろうか．

ヴェイユというのは 20 世紀の数論をリードした大数学者だが，彼もまたフェルマーの大定理から数論を目指すことになったのだという事実は記しておくに値しよう．次の文章はヴェイユの著作集自注『数学の創造』[101] からの引用であるが，『自伝』の中でもほぼ同じ話を語っている：

　　若いノルマリアンとして，私はそれまでにリーマンを読み，ついでフェルマーを勉強していた．そして昔の偉大な数学者と熱心につきあうことは，現在の流行の著者

のものを読むより多産なインスピレーションの源であることを私は早くから確信していた．従って他のさまざまな野心と並んで，一般的にはディオファントス方程式，特にフェルマー方程式の研究に貢献しようという野心が私に生じたとしても不思議はない．そのためには新しい観点が必要であると私は考えたが，それは双有理不変性という観点以外のものではありえなかった．([101], p.5)

このようにして，フェルマー予想が，「区々たる一問題」というような表現でもって，ある意味ではことさら軽視されてきたのよりは，数学に深い影響を及ぼしてきたことが知られるのである．もしもフェルマー予想が大した問題でないというのなら，ワイルズが9年という貴重な歳月を捧げた理由が説明できないのではなかろうか．当たり前のことをいうようだが，本来，理論が先にあって問題がひねくりだされるのではなく，区々たる問題があって理論が作られるのである．

先頃，オランダの数学者スホウフ（R. Schoof）に会う機会があった．彼はローマ大学の教授をしている人なので，論文が手に入らず気になっていたベッポ・レヴィの業績について聞いてみた．すると，レヴィは論文 [65] で，楕円曲線が群構造を持つことを示しており，トージョン点のなす群の構造についても予想を正確に述べていると教えてくれた．このレヴィの業績を発見したのは自分だといっていた．

こうしたことがいままで知られることなく来てしまったのは，レヴィの論文がイタリア語で書かれているということ以外には理由が見当らない．フルヴィッツは論文 [44] の脚注でレヴィの論文に言及し，彼の結果は自分のと大差ないと述べているが，つまりは読まなかったということである．これで群構造の発見者はわかったのだけれども，埋もれてしまっていたのだから，他に何の影響も及ぼさなかったわけである．ヴェイユが群構造の発見者であるという先の記述は正確でないが，その後の数学に与えた影響という意味ではヴェイユが発見したのと事実上同じことになってしまったのである．なお，レヴィはユダヤ系であったため，第 2 次大戦のおりアルゼンチンに脱れ，1961 年に亡くなったということである．

§7. フライの貢献

ワイルズによるフェルマーの大定理の最終決着に至る道を考えるとき，最も重大な転回点はフライ曲線の導入とフェルマーの大定理の谷山予想への還元であろう．どうしてフライはこの奇妙な，ともいえるアイデアにたどりついたのか，その経緯を探るのが本節の主題である．同時に，最終的な決着を与えた人にばかり注目が集まるのは仕方がないこととはいえ，考えようによっては，問題が谷山予想の半安定という特別な場合に還元された瞬間にフェルマーの大定理は，仮に天才ワイルズがいなくても，20 年かかったかもしれないし，30 年かかったかもしれないが，いくつか

の段階を経て着実に解かれただろう．とすれば，谷山予想に還元することを考えついたフライは最大の貢献者といっていいのではなかろうか．さらに書き加えるなら，フライはこの仕事を除けば，第一級の数学者とまではいえない人だけに，私はこの人の業績に特に焦点を当てたい．フェルマーの大定理を解決する突破口を開いた数学者は，数学の専門家やファンが好んで口にする，いわゆる「天才」ではなかったのだ，ということを書き留めておきたいのである．

いま仮に $n \geq 3$ なる自然数 n に対してフェルマー方程式 (6.1) が自然数解 a, b, c を持ったとしよう：

$$a^n + b^n = c^n$$

ここに a, b, c は互いに素で，b は偶数であるとしてよい．そこで次のような楕円曲線を考える：

$$E_n: \quad y^2 = x(x+a^n)(x-b^n)$$

この楕円曲線を**フライ曲線**と呼ぶのだが，実際にはフライ曲線は存在しないのである．存在しないことが証明されたものに名を残すというのは，フライ氏もなんとも奇妙な気分ではなかろうか．それはとにかくとして，このフライ曲線は実に奇妙な性格を備えている（存在しないのだから当然だが）．それを本節で説明しよう．

70年代の初め頃，楕円曲線の有理トーション点の決定問題の研究が盛んであった．それはどういう問題であるかということを，フライ曲線を例にとって述べる．E_n 上の点 $P_1(0,0)$, $P_2(-a^n, 0)$, $P_3(b^n, 0)$ はいずれも位数2を持つ．つまり，$2P_i = O$ が成り立つ．そして，この3点に

Oを加えた集合 T が群 E_n の部分群をなすことはやってみればすぐわかることである。さらに、例えばシルヴァーマン=テイト [107] といった本で少し勉強すれば、実は T がトージョン部分群そのものであることもわかる（与えられた楕円曲線の有理トージョン部分群を決定するのはいつでもやさしい問題である）。したがって、E_n のトージョン部分群は

$$Z/2Z \oplus Z/2Z$$

という構造を持っていることになる。前節で述べたフルヴィッツの仕事以来、楕円曲線のトージョン部分群の型の決定は一つの問題となっていたのだが、結局はメーザー（[67]）によって証明されたので、定理の形で述べておくことにする：

定理 6.5（メーザーの定理） 有理数体上で定義された楕円曲線 E の有理点群 $E(Q)$ の有限位数の点のなす部分群は次のどれかの型を持つ：

(i) 位数 N ($1 \leq N \leq 10$ または $N=12$) の巡回群
(ii) 位数2の巡回群と位数 $2N$ ($1 \leq N \leq 4$) の巡回群の直和

最終的にはこうした形で証明されたのだが、そこに至るまでには紆余曲折があった。例えば、楕円曲線を局所的に還元する理論を応用すると、楕円曲線が有理的トージョンを持つための条件が出てくる。これらの条件を調べると、

必然的にフェルマー方程式に類似の不定方程式が登場した.その代表例として,つぎのような定理がある([9], [40]).

定理 6.6 p を奇素数として,楕円曲線 $E(\boldsymbol{Q})$ が位数 $2p^2$ の有理点を持てば,フェルマー方程式
$$x^p + y^p = z^p$$
は $p \mid xyz$ なる自然数解を持つ.したがって,p が正則素数ならば,$E(\boldsymbol{Q})$ は位数 p^2 の点を持ち得ない.

フライはいくらか遅れて有理トーション部分群決定のゲームに参加し,上の定理と似たような定理をいくつか証明した([24]): この,遅れて参加したことがフェルマーの大定理解決に幸いしたのである.フライがこの論文を出したのと奇しくも同じ 1977 年,メーザーが先に述べたように有理トーション部分群決定問題における最終結論に到達した.こうした場合,フライの仕事はほとんど無に帰することになるのが普通である(実際,[24] には校正時に挿入した脚注として,「こうした定理の仮定は決して満たされないことがメーザーによって証明された」と記されている).ところが,この論文の中に 1 ページだけ,後になって重要な意味を持つ考察がされていた.つまり,問題の逆が考察の対象になっていたのである:

自然に逆の問題が持ち上がる: 上の方程式に解があるならば,位数 p の有理点を持つような楕円曲線が存在す

るだろうか？

フライは続いて,「そうした有理点が存在するか, さもなければ有理数体 Q 上のガロア拡大 K_p であって, そのガロア群が $GL_2(F_p)$ に同型で, $Q(\zeta_p)$ 上不分岐なるものが存在する」ということを証明している (ここに, ζ_p は 1 の原始 p 乗根, F_p は p 元体, すなわち Z/pZ である). これには p トージョン点の座標の添加によって, ほとんどの場合, $GL_2(F_p)$ をガロア群に持つ体が生成されるというセールの結果 (後述の定理 6.8) が使われている. セールの仕事の後にこうした問題に取り組んだというのがフライの好運であった. メーザーの定理によれば,「位数 p ($p \geqq 13$) なる有理点は存在しない」のであるから,「ガロア群が $GL_2(F_p)$ に同型で $Q(\zeta_p)$ 上不分岐な体が存在する」ことになる. こんな奇妙な体が存在するだろうか？ こうした考察がフライを以後 10 年余りフェルマーの大定理に取り組ませることになったのである.

ここで, トージョン点 (あるいは等分点) について簡単に調べておこう (以下の記述の参考文献としてはシルヴァーマン=テイト [107] の第 6 章が最もやさしいであろう). E を有理数体上定義された楕円曲線とする. そして自然数 n に対して

$$E[n] = \{P \in E(C) \mid nP = O\}$$

とおく. すなわち E の, 位数が n の約数であるような複素点 P のなす部分群が $E[n]$ である. あるいは, n 倍写像

$$\lambda_n : E(C) \longrightarrow E(C)$$
という $E(C)$ の自己準同型写像の核であるといっても同じことである.ついでに書いておくと,n 倍写像以外にも自己準同型写像を持つような楕円曲線は**虚数乗法を持つ楕円曲線**と呼ばれている.そういう楕円曲線は実に都合のよい性質を備えているのだが,楕円曲線の中ではごく少数派である.

もとに戻って,$E[n]$ と有理トージョン点との違いは,前者が複素数をも座標に許すということである.これだけの違いだが,概念的にはまったく異なった世界に属するといってよい.簡単な楕円曲線,例えば $y^2 = x^3 + x$ に対して $E[2]$ や $E[3]$ を計算してみれば,$E[n]$ は $Z/nZ \oplus Z/nZ$ と同型であること,したがって特にその位数,すなわち要素の総個数が n^2 であること,そして要素の座標は代数的数であることが予想されるが,実際その通りである.そこで有理数体 Q にその座標をすべて添加した体 K_n を考え,$E[n]$ の**定義体**と呼ぶことにする:

$K_n = Q$ に E_n のすべての点の x 座標および
  y 座標を添加することによって生成される体

K_n は有理数体 Q 上のガロア拡大である(例えば,[107], p.248).

「クロネッカーの青春の夢」として知られる美しい予想が高木貞治によって証明され,ハーセによって整理されたのだが,それは虚数乗法を持つ楕円曲線の言葉で表現できる.しかし,ここでは $Q(i)$ の場合に述べておくだけで我慢しよう:

定理 6.7 E を楕円曲線
$$y^2 = x^3 + x \tag{6.22}$$
とする．自然数 n に対して，
$$L_n = K_n(i)$$
とおく．ここに K_n は上に定義した E_n の定義体である．このとき，L_n は $\boldsymbol{Q}(i)$ のアーベル拡大（すなわち，ガロア拡大で，そのガロア群がアーベル群であるようなもの）である．逆に，$L/\boldsymbol{Q}(i)$ を $\boldsymbol{Q}(i)$ の任意のアーベル拡大とすると，
$$L \subset L_n$$
を満たす n が存在する．

楕円曲線は楕円関数によってパラメトライズされるのだが，(6.22) の場合は，
$$\omega_1 = 1, \quad \omega_2 = i$$
と表わせることがわかる．これを基本周期として構成した $\wp$ 関数 (6.17) を $\wp(z)$ と書くことにすれば，
$E[n]$
$$= \left\{ \left(\wp\left(\frac{a_1 + a_2 i}{n}\right), \wp'\left(\frac{a_1 + a_2 i}{n}\right) \right) \,\middle|\, 0 \leq a_1, a_2 < n \right\}$$
である．このようにして，「虚2次体 $\boldsymbol{Q}(i)$ のアーベル拡大を解析関数の等分点によって記述する」というクロネッカーの青春の夢が実現されたことになる．

クロネッカーの青春の夢は $\boldsymbol{Q}(i)$ の場合は高木貞治によ

って 1903 年に，$Q(\sqrt{-3})$ の場合は竹内端三（1887-1945）によって 1916 年に，やがて一般の場合も高木の類体論の完成（1920 年）とともに完全に解決された．さすがに日本から出る本は別にして，洋書を読むとなぜか「クロネッカーの青春の夢はハーセによって解決された」と書かれていることが多い．ハーセはアルティンの相互法則を援用して結果を整理簡易化したのである．実際，高木は類体論を完成した論文 "Über eine Theorie des relativ Abel'schen Zahlkörpers"（1920）の最終章を虚数乗法論への応用に充てているのだが，「かくして次のクロネッカー予想が証明された」と高らかに宣言して命題を述べ，論文を閉じているのである．少なくも日本人は高木先生がクロネッカーの青春の夢という大問題を解いたのだということを記憶しておかねばならないと思い，特に書きつけておく次第．虚数乗法についてこうした結果だけでも知りたい読者は『数学辞典』（岩波書店）の「虚数乗法論」の項を見るとよい．

さて，虚数乗法を持たない楕円曲線の場合はどうなるかがセールによって研究された．その結果を述べると，どうしてフェルマーの大定理がフライ曲線の問題に還元されるのか，その本質が理解されるであろう．

σ を $\mathrm{Gal}(K_n/Q)$ の任意の要素とする．$P \in E[n]$ を $P = (x, y)$ と座標で表わしておいて，$\sigma(P)$ を $(\sigma(x), \sigma(y))$ で定義すると，$\sigma(P) \in E[n]$ が示されるので，$\mathrm{Gal}(K_n/Q)$ が加群 $E[n]$ に作用することになる．ところが楕円曲線の楕円関数によるパラメトリゼーションを考えれば明らかなよ

うに
$$E[n] \cong \mathbf{Z}/n\mathbf{Z} \oplus \mathbf{Z}/n\mathbf{Z}$$
であるから，σ は $GL_2(\mathbf{Z}/n\mathbf{Z})$ の要素，すなわち $\mathbf{Z}/n\mathbf{Z}$ に成分を持つ 2 次の正則行列として表現できることになる．こうして得られる，（法 n の）**ガロア表現**と呼ばれる写像
$$\rho_n : \operatorname{Gal}(K_n/\mathbf{Q}) \longrightarrow GL_2(\mathbf{Z}/n\mathbf{Z})$$
は一般的には中への同型写像ではあるが，全射ではない，つまり上への写像ではない．ところが，セール [79] によると，

定理 6.8 楕円曲線 E が虚数乗法を持たないならば，ほとんどすべての n に対してガロア表現 ρ_n は同型写像である．

フライはセールの理論とメーザーの定理を使って，指数 p のフェルマー方程式が解を持つと仮定すれば，必然的に $E[p]$ の定義体 $K_p/\mathbf{Q}$ はガロア群が $GL_2(\mathbf{F}_p)$ に同型で，$\mathbf{Q}(\zeta_p)$ 上不分岐であるということを証明することができたのであった．この命題は一部分は [24] で考察され，[25] で完成された形で述べられている．

メーザーの定理を知ったフライはフェルマー予想の研究に専念することにした．後に谷山予想に結びつくことになるモデュラー曲線との関連は [25] に初めて登場する．この論文ではモデュライ問題を考えることによって，フェルマー曲線に対するモーデル予想（p.256 参照）とモデュラー曲

§7. フライの貢献

線との関連が研究されている．結果自身は大したものではないが，この中で，フライ曲線の持っている不可思議な性質，例えば，その半安定性，その判別式の特殊性，また小さな分岐を持つ大きなガロア拡大の存在などが列挙されている．このフライ曲線の異様性がフライに「フェルマーの大定理は正しい」という確信を持たせるに至ったのである．

楕円曲線の判別式とか半安定性などの話は次の節に回すことにして，フライが私の問い合わせに答えてくれた手紙を紹介することによって本節を閉じよう．いままでの解説によって，フライの手紙を読み解くことは（少なくとも前半部分は）容易になったはずである．後半を理解するには次節の解説が必要である．

70年代の初めに，私は，他の大勢と同様，有理数体上の楕円曲線のトージョン点の限界を求める問題に関心を持っていた．そして明らかにベッポ・レヴィにまで戻るオッグ予想として知られる古い予想を解こうと努力していた．ドイリングとネロンの還元理論を使うと，楕円曲線が有理的トージョンを持つ局所条件が出てくる．これらの条件を調べると，フェルマー方程式にたいへん密接な関係を持つディオファントス方程式に嫌でもぶつかる．こうした考察はエルグアルシュ（Hellegouarch）と私によって独立になされた．私は1977年にその結果を，エルグアルシュにも言及した上で発表したが，私自身これが興味深い結果であると思っているわけではない．

事態はメーザーがアイゼンシュタイン・イデアルに関する偉大な仕事においてオッグ予想（とそれ以上のことを）証明したとき，完全に変化した．私にとっては，これによって二つのことが明らかになった：第一に，（セールのおかげで）p トージョン点を添加することによって $GL_2(F_p)$ と同型なガロア群を持つガロア拡大が生成され，その分岐は楕円曲線の算術によって統御されることがわかっているのだが，上述の結果を逆に辿ることによって，フェルマー型の方程式の解が Q 上たいへん小さな分岐を持つ大きな拡大体を与えることになる．したがって，モデュラー曲線上の点とフェルマー方程式の解との間の密接な関係が生じることになる．このことは私自身が明らかにして，1982 年にクレレ誌に発表した．

第二に，モデュラー形式の算術理論との関係が明らかになった．ガロア群が $GL_2(F_p)$ で，しかも $2p$ で小さな分岐を持つだけの，Q 上の拡大体の存在（ないしは非存在）の問題は，クンマーによる素数の正則性判定条件の 2 次元版と見なせる．私が 70 年代の終わり頃にセールやリベットと交わした会話のおかげで，谷山予想がそのような正則性判定条件を，したがって FLT を，証明するための正しい道具であるということは，別に驚くほどのことではなかった．1984 年のオベルヴォルファッハにおける講演で私はこうしたアイデアを説明した．そしてある私信の中で，考えられる攻略法をスケッチしてみせた．これがいくらか評判になったので，1986 年に論文

([26])を著したり，いくつかの場所で一連の講義を行なったりした．例えば，1986年のパリにおける数論セミナーで話した席にはワイルズもいた．

以上からはっきりしているのは，私（および少なくともエルグアルシュ）には，70年代前半から楕円曲線のトージョン点の存在と FLT の解の間には密接な関係があるということは明らかであったが，その関係が本質的なものになったのは，モデュラー形式の理論がゲームに加わってからであった．私にとっては，メーザーのアイゼンシュタイン論文が転回点であり，70年代前半のセールによる，そしてリベットを初めとする人たちの70年代後半の，モデュラー形式に付随する odd の〔複素共役写像がガロア群に含まれるため，その行列式が -1 になる．こういう表現は odd といわれる：足立注〕2次元 p 進ガロア表現に関する仕事が最も大きな影響を及ぼした．

谷山予想と FLT の間にある純然たる関係の陳述がモデュラー形式の理論にこのように大きな刺激を与えたということは，私にとってはまったく思いがけないことであった．例えば私の86年の論文が出たすぐ後に，モデュラー表現に関するセールの予想を証明するリベットの美しい仕事が引き出されたのである．楕円曲線の谷山予想に関するワイルズのすばらしい仕事は，FLT に比べれば圧倒的な重要性を持つ，真に深い，構造的な結果なのだが，それがフェルマー予想を契機として生まれたという事実は，この予想の長い生命のなかでも，われわれの

科学〔数学のこと：足立注〕に対する数多の貢献の中でも最大のものの一つであろう．

§8. 谷山予想への還元

3次方程式
$$x^3+ax+b=0 \tag{6.23}$$
が与えられたとして，その判別式 D なるものを根の差積の平方によって定義する．すなわち，(6.23) の3根を α, β, γ としたとき，
$$D=\{(\alpha-\beta)(\beta-\gamma)(\gamma-\alpha)\}^2$$
である．2次方程式の判別式が根の差の平方であったから，それとの類似で3次方程式の判別式は違和感がないだろう．そこで，楕円曲線
$$y^2=x^3+ax+b$$
の判別式を右辺＝0の判別式によって定義する．

例えば，フライ曲線
$$E_n\ :\ y^2=x(x+a^n)(x-b^n)$$
の判別式 D を計算してみると
$$D=\{a^n b^n(a^n+b^n)\}^2=(abc)^{2n}$$
となる．ちょっと楕円曲線をいじったことのある人なら，こういう判別式を持った楕円曲線というのはとても異様に感じるだろう．これがフライ曲線の特異性の第一である．

さて，整数論では方程式の解の様子を知るためにいろいろな素数 l を法として合同式を考えるという，いわゆる還元という手法が用いられる．たとえば，ある素数 l に対し

て合同式
$$x^n + y^n \equiv z^n \pmod{l}$$
が解を持てば
$$x \equiv 0 \pmod{l} \quad \text{または} \ y \equiv 0 \pmod{l}$$
$$\text{または} \ z \equiv 0 \pmod{l}$$
が成り立つということが証明できれば，フェルマーの大定理の第一の場合は証明されたことになる．実際には，上の合同式にはどんな素数 l についてもこんな自明でない解が存在するので，こんな初等的な還元法では解決しないことがわかっているのだけれども，素数による還元が重要であることには変わりはない．

われわれの曲線の場合にも，素数を法とした還元を考えると
$$E_n(l) \ : \ y^2 \equiv x(x+a^n)(x-b^n) \pmod{l}$$
となる．この有限体 $F_l = \mathbf{Z}/l\mathbf{Z}$ 上で定義された3次曲線は必ずしも楕円曲線であるとは限らない．つまり，判別式の約数であるような素数 l に対しては右辺が重根を持つからである．しかしながら，どんな素数を持ってきても，3重根を持つということもない．こうした曲線は半安定（semi-stable）と呼ばれている．以上を総括すれば，「フライ曲線 E_n は判別式が自然数の $2n$ 乗数であり，位数2の点を持ち，しかも半安定である」となる．

ところが，実に簡単に「判別式が自然数の $2n$ 乗数で，位数2の点を持ち，しかも半安定な楕円曲線が存在すれば，フェルマー方程式は自然数解を持つ」ということも証明で

きる.すなわち,フェルマーの大定理は次のように言い換えられたことになる.

フェルマーの大定理の言い換え II（フライ） $n \geq 3$ のとき,半安定で,判別式が $2n$ 乗数で,位数が 2 の点を持つ有理楕円曲線は存在しない.

この言い換えの段階では,単にフェルマー予想をちょっと格好よく,別の言い方に代えただけのことであるが,フライが偉いのはこれを谷山予想という楕円曲線の数論の中心問題に還元したことである.ここで谷山予想という大問題を簡単に説明しておこう（なお,第 2 版では谷山 = 志村 = ヴェイユ予想と呼んだが,長い上,だれを加えて,だれを削るかというくだらない面倒を避けるためにも,フライが手紙に記しているように,「谷山予想」という簡潔な言い方を採用することにしよう）.

まず,楕円曲線の楕円関数によるパラメトリゼーションを思い出そう.楕円曲線
$$E : y^2 = 4x^3 - g_2 x - g_3$$
は基本周期 ω_1, ω_2 を持つ $\wp$ 関数によってパラメトライズされるのであった.Λ でもって ω_1, ω_2 が生成する加群を表わすことにしよう.対応 $z \longmapsto (\wp(z), \wp'(z))$ の核は Λ であるから,C/Λ は楕円曲線 E と同一視できることになる（図 6.7）.ご存知の方も多いだろうが,このような一種の図形をコンパクト・リーマン面という.リーマン面というのは簡

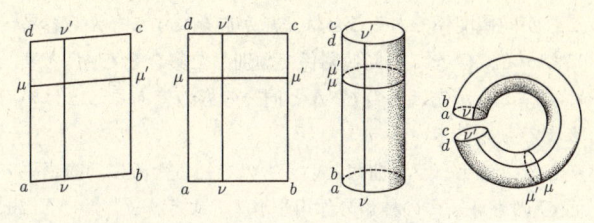

図 6.7 連続的変形により ab と dc, ad と bc を貼り合わせトーラスを作る.

単にいえば,滑らかで,全体としてはどんなに変わった形をしているとしても,各点のごく近傍は普通の複素平面の一部と見なせるような図形のことである.コンパクトというのはこの図形がある意味では閉じている,ということを表わす用語である.だから,楕円曲線は,複素数の範囲まで広げてこれを見るならば,一種のコンパクト・リーマン面と見なせることになる.

この楕円曲線を見るもう一つの見方を紹介しよう.T_1, T_2 を C の次のような作用素とする:

$$T_1(z) = z + \omega_1, \quad T_2(z) = z + \omega_2$$

この二つの作用素が加群 C の自己同型写像であることは簡単にわかる.これらを何回か繰り返し施して得られる自己同型写像の全体のなす可換群を Γ とでも記そう:

$$\Gamma = \{T_1{}^m T_2{}^n : m, n \in \mathbf{Z}\}$$

そして二つの複素数 z_1, z_2 はある $T \in \Gamma$ によって $T(z_1) = z_2$ となるとき,同値であると定義する:

$$z_1 \sim z_2 \iff \exists T \in \Gamma ; T(z_1) = z_2$$

これが同値関係であることは，Γ が群をなすことから容易にわかる．C をこの同値関係で類別した集合を C/Γ と表わす．これが先ほどの C/Λ と同一のものであることはいうまでもあるまい．

さて，モデュラー曲線というものを知るために，複素平面 C のもう一つの種類の作用を導入しよう．

合同部分群の定義 N を自然数とする．整数を成分とする2次の正方行列 $\begin{pmatrix} a & b \\ c & d \end{pmatrix}$ で，$ad-bc=1$ を満たすもののなす群を $SL_2(\mathbf{Z})$ と表わすことにする．そのうちさらに
$$a \equiv d \equiv 1 \pmod{N}, \quad b \equiv c \equiv 0 \pmod{N}$$
を満たすもののなす部分群を $\Gamma(N)$ と記す．そして，ある N に対して
$$\Gamma(N) \subset \Gamma \subset SL_2(\mathbf{Z})$$
となる群を $SL_2(\mathbf{Z})$ の（レベル N の）**合同部分群**という．

合同部分群は複素数の上半平面 H に作用している．つまり，
$$H = \{z(\mathbf{C}) ; z = x+iy, \ y > 0\}$$
とするとき，$\begin{pmatrix} a & b \\ c & d \end{pmatrix} \in \Gamma$ に対して
$$\gamma(z) = \frac{az+b}{cz+d}$$
と定義すれば，$z \in H \Rightarrow \gamma(z) \in H$ が簡単に確かめられる．

そこで先ほどと同様に，

§8. 谷山予想への還元

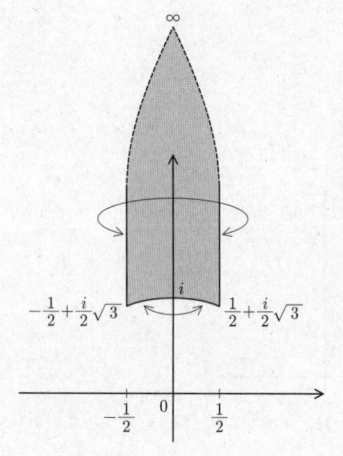

図 6.8
（矢印のように貼り合わせる）

図中のラベル: ∞, $-\frac{1}{2}+\frac{i}{2}\sqrt{3}$, $\frac{1}{2}+\frac{i}{2}\sqrt{3}$, i, $-\frac{1}{2}$, 0, $\frac{1}{2}$

$$z_1 \sim z_2 \iff \exists \gamma \in \Gamma\, ;\, \gamma(z_1) = z_2$$

と定義する．この～も同値関係であるから，この同値関係によって上半平面 H を類別して，それを H/Γ と記す．図 6.8 は $\Gamma = SL_2(\mathbf{Z})$ の場合である．この図形もリーマン面であるが，先の楕円曲線の場合と少し違っているのは，上のほうが抜けていてコンパクトではないということである．そこで，複素平面からリーマン球をこしらえ，複素関数論で教わったのと同じ要領で，無限遠点 ∞ を追加して，上方の出口をふさいでしまう．こうしてできあがるコンパクト・リーマン面は，位相的には球と同一視できるので，図形としてはおもしろみがない．

これに反して，一般的な合同部分群 Γ となると，できあ

図 6.9

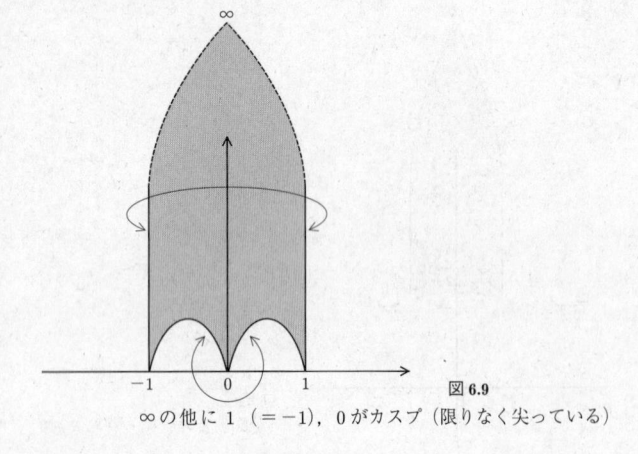

∞の他に 1 (=−1), 0 がカスプ（限りなく尖っている）

がる図形はずっと複雑になる．H/Γ を Y と書くことにすると，この Y もリーマン面になるのだが，やはりコンパクトではない（図 6.9）．そこで，こんどもいくつかの点を付加することによってコンパクト化し，得られたコンパクト・リーマン面を X と記す．付加するいくつかの点は尖点（カスプ）と呼ばれている．図のように，付加する点は尖っているからこう呼ばれるのである．この X も楕円曲線のときと同様，複素曲線と見なせるのであるが，**モジュラー曲線**と呼ばれているのがこれである．

さて，谷山予想というのは一番プリミティブには次のように表現できる（メーザーによる）．

§8. 谷山予想への還元

谷山予想（第1形） 任意の楕円曲線 E に対して，あるモデュラー曲線 X を取ると，リーマン面としての被覆写像
$$X \longrightarrow E$$
が存在する．

上記の定義では，パラメトリゼーションとの関係がわからないだろうから，少し説明を補っておこう．まず，合同部分群として，特に
$$c \equiv 0 \pmod{N}$$
を満たす2次正則行列のなす $SL_2(\mathbf{Z})$ の部分群を $\Gamma_0(N)$ とする．上半平面 H において $\Gamma_0(N)$ に関して保型性を有するような関数をレベル N の保型関数と呼ぶ．つまり，上半平面で定義された有理型関数 $f(z)$ がレベル N の保型関数であるとは，H において
$$f(\gamma z) = f(z) \quad \text{for} \quad \forall \gamma \in \Gamma_0(N)$$
が満たされるときである．関数 f は $f(z+1)=f(z)$ という保型性を持っているから（なぜなら，$\gamma = \begin{pmatrix} 1 & 1 \\ 0 & 1 \end{pmatrix} \in \Gamma_0(N)$ だから），$q(z) = e^{2\pi i z}$ の関数である．そこで $f(z)$ を
$$\sum_{n=-\infty}^{\infty} c_n q^n$$
とフーリエ展開したとき，負の項が有限個しかない，つまり $n<0$ ならば $c_n \neq 0$ なる n は有限個しか存在しないということも保型関数の定義の中に入る（他のカスプについても同様）．こうしたカスプでの q 展開というものを考慮し

なければならないのだが,ここではそうした厳密性は,例えば志村 [83] のような専門書に任せることにして,気分で理解することに重点を置くことにしよう.このとき,楕円曲線 E がモジュラー曲線であるというのは,q 展開の係数が有理数であるような保型関数 $\xi(z), \tau(z)$ によって $x = \xi(z), y = \tau(z)$ とパラメトライズされること,つまり
$$\tau^2 = 4\xi^3 - g_2\xi - g_3$$
が成り立つことと言い換えられる.こうして,谷山予想というのは,3次曲線の楕円関数によるパラメトリゼーションをさらに一歩進める予想であることがわかった.例えば,虚数乗法を持つような楕円曲線はモジュラーであることが証明されているが,その証明はフライ曲線には適用できない.というのは,虚数乗法を持つ楕円曲線は半安定ではないからである.

しばらく,モジュラー曲線の定義に手間取ったのだが,やっとフライの仕事に戻ることができる.前節に述べたようにフライは 1976 年の論文の後,数年の模索を経て,結局はものにならなかったものの,なんとかモジュラー曲線との関連を見つけだすことに成功した([25]).さらに 1984 年に至って,いまではきわめて有名になった

谷山予想 $\Longrightarrow$ FLT

という予想を提起し,証明の試案を述べたのだった.この試案は公刊されなかったが,リベットは [77] の中で「楕円曲線 E の導手を割り切る素点 l に対して,ネロン・モデルの法 l 還元での成分の個数をモジュラー曲線 $X_0(N)$ のヤ

コビアンの対応する個数と比較して，これらが一致しないことを示す．つまりフライ曲線の存在は谷山予想と相容れないことを結論する」というその筋書を記録している．フライは，これを述べたのはある手紙の中なのだが，その手紙のコピーを紛失してしまったといっているから，リベットの記録はいまとなっては貴重である．数カ月後，セールはこの「谷山 $\implies$ FLT」というテーゼを，より簡潔な，ガロア表現を利用した形に整理・改良し，実際には

$$谷山 + \varepsilon \implies \text{FLT}$$

であるとして，その ε（イプシロン）を次のように定式化した（[80]）：

セールの ε 予想　(1)　ρ をレベル pM, $(p, M) = 1$, かつ重さ 2 のモジュラー表現とし，ρ は p で「有限」であるとする．このとき ρ は実はレベル M，重さ 2 のモジュラー表現である．

(2)　ρ をレベル $M_1 M_2$, $(M_1, pM_2) = 1$, 重さ 2 のモジュラー表現とし，さらに ρ は M_1 の素因子で不分岐とすると，実は ρ はレベル M_2，重さ 2 のモジュラー表現である．

フライはこうしたセールの助けを借りて論文 [26] をまとめた（1986 年）．ε 予想は当初簡単に証明できるだろうと考えられて，数学の世界では「小さい」という意味を表わす常套語の「イプシロン」という名称を与えられたのである．しかし，実はそれはそう簡単な問題ではなかったのだ

が，メーザーによって部分的に，そしてその手法を一般化させてリベット [76] によって完全に，証明された．

次節で，上に出てきたモデュラー表現などの用語を解説するが，一般的にいってフライ以後のこうした展開，およびワイルズの仕事の解説としてはリベット [77] が優れているから，本格的にワイルズの証明に取り組みたい読者はまずこのリベットの解説であらましを理解するとよい．

§9. 谷山予想の同値形

本節では，フェルマーの大定理を証明するのに使われる形を含めて，谷山予想のいくつかの同値形を紹介する．最初に楕円曲線の L 関数 $L(s, E)$ を定義しよう．

$$E : f(x, y, z) = 0$$

を同次形で与えられた整数係数の楕円曲線とする．例えば，E が $y^2 = x^3 + x$ と非同次形で与えられていれば，その同次形は $y^2 z = x^3 + xz^2$ である．楕円曲線 E を素数 p を法として還元した $F_p = Z/pZ$ 上定義された曲線を $E(p)$ と書くことにする:

$$E(p) : f(x, y, z) \equiv 0 \pmod{p}$$

曲線 $E(p)$ 上にある点の個数（上の合同式の解の個数）を $\#E(p)$ とする．もっとも，$[0, 0, 0]$ は解とは認めないし，$[a, b, c]$ と $[\lambda a, \lambda b, \lambda c]$ $(\lambda \neq 0)$ は同一の点と見なすという規約を設けておくことにする．そして，

$$a_p = p + 1 - \#E(p)$$

とおく．この a_p を使って楕円曲線 E の L 関数を

$$L(s, E) = \prod_p \frac{1}{1 - a_p p^{-s} + p^{1-2s}}$$

によって定義する.ここに,$\prod_p$ は E の判別式を割らない素数 p のすべてをわたる積を表わす.

L 関数 $L(s, E)$ は複素変数 s の実部を $\mathrm{Re}(s)$ と記すとき,$\mathrm{Re}(s) > 3/2$ という領域で収束して正則関数を表わすことは $|a_p| \leq 2\sqrt{p}$ という不等式が成り立つことから証明できるのだが,楕円曲線 E がモジュラーである場合,すなわち保型関数によってパラメトライズされる場合には全複素平面に解析的に延長されて,リーマン・ゼータ関数と類似の,ある標準的な関数等式を満たすことが志村五郎によって証明されている.逆に,$L(s, E)$(およびいくつかの付随する関数)が全平面に解析的に延長されて,関数等式を満たすならば,実は楕円曲線 E はモジュラーであることが証明できるので,次のことがいえたことになる:

谷山予想(第2形) 関数 $L(s, E)$,およびそれに付随するいくつかの型の L 関数は全複素平面に解析的に延長されて,リーマン・ゼータ関数の関数等式の類似が成り立つ.

$L(s, E)$ を定義する無限積を展開してディリクレ級数

$$L(s, E) = \sum_{n=1}^{\infty} a_n n^{-s}$$

を得たとしよう.この n^{-s} の代わりに $q^n \, (= e^{2\pi i n z})$ と置

いて得られる級数

$$f_E(z) = \sum_{n=1}^{\infty} a_n q^n$$

を考える．このとき，谷山予想は次のようにも表わせることがわかっている：

谷山予想（第3形） 導手 N の楕円曲線 E から上のような手続きで得られる関数 $f_E(z)$ は重さ 2，レベル N の保型形式（特に，カスプ形式）である．

重さ 2，レベル N の保型形式というのは，任意の $\gamma \in \Gamma_0(N)$ に対して

$$f(\gamma z) = (cz+d)^2 f(z), \quad \text{ここに } \gamma = \begin{pmatrix} a & b \\ c & d \end{pmatrix}$$

を満たす，上半平面 H で定義された正則関数であって，各カスプにおける q 展開の係数 c_n が $n<0$ に対しては $c_n=0$ となるものをいう．これは微分 $f(z)dz$ が $Y_0(N) = H/\Gamma_0(N)$ 上の微分とも見なせるということを意味している．$f(z)dz$ がさらに $Y_0(N)$ のコンパクト化 $X_0(N)$ 上の微分となるためには，各カスプで 0 という値を取らねばならない．すなわち，q 展開の言葉でいえば，$c_0=0$ でなければならない．これが**カスプ形式**の定義である．

楕円曲線の L 関数というのは定義こそそう複雑なものではないが，各素数 p に対して作ったチャチな関数を掛け合わせただけの実体のつかみにくい代物である．それが保型

形式という20世紀において最も深く研究された理論から得られるのだというのである.

19世紀において最も深く研究された関数は楕円関数であるが,それによって3次曲線がパラメトライズされるというのは,確かに19世紀の精華を象徴しているといえよう.同じことが保型関数にもいえて,谷山予想が証明されるということは,そこから得られる結果の多彩さを見ればわかるように,20世紀数学の一つの到達点を示しているといえよう.それが少なくとも半安定の楕円曲線に対しては実現できたというのが今回のワイルズの快挙である.

ここで少し寄り道をして,楕円曲線上に無数に有理点があるかどうかを判定するバーチ゠スウィンナトンダイア予想という楕円曲線論のもう一つの中心問題に触れておこう.

バーチ゠スウィンナトンダイア予想 楕円曲線 E 上に有理点が無数に存在するためには,L 関数 $L(1,E)=0$ が必要十分である.さらに精密にいうと,E の階数 r は L 関数の $s=1$ における零点の位数と一致する.

$L(s,E)$ は,大量の実例において確認されており,ほぼ絶対に間違いのない命題だと見なされている.もちろん,虚数乗法を持つ楕円曲線などについてはバーチ゠スウィンナトンダイア予想は証明されている.

有理数体 Q の代数的閉包 $\bar{Q}$,簡単にいえば,あらゆる代数的数を Q に添加して得られる体,のガロア群を G と

しよう：
$$G = \mathrm{Gal}(\bar{\boldsymbol{Q}}/\boldsymbol{Q})$$
$\sigma \in G$ とする．すなわち，σ を $\bar{\boldsymbol{Q}}$ の自己同型写像とする．第 6 節で導入したように，楕円曲線 E 上の n 等分点 $\mathrm{P} = (x, y)$，すなわち $n\mathrm{P} = \mathrm{O}$ となる点に対して
$$\sigma \mathrm{P} = (\sigma x, \sigma y)$$
と定義する．等分点の座標は，第 6 節で述べたように代数的数だから，この定義は意味を持つ．σ は n 等分点の全体のなす加群 $E[n]$ の自己同型写像であることは明らかである．すなわち，
$$\sigma(\mathrm{P} + \mathrm{Q}) = \sigma\mathrm{P} + \sigma\mathrm{Q}$$
が成り立つ．しかも $E[n]$ は加群として $\boldsymbol{Z}/n\boldsymbol{Z} \oplus \boldsymbol{Z}/n\boldsymbol{Z}$ という構造を持っていたから，その基底を指定することによって $\sigma\mathrm{P}$ は 2 次の正方行列として表現されるはずである．このようにして，準同型写像
$$\rho_{E,n} : \mathrm{Gal}(\bar{\boldsymbol{Q}}/\boldsymbol{Q}) \longrightarrow GL_2(\boldsymbol{Z}/n\boldsymbol{Z})$$
が得られる．この写像 ρ を楕円曲線 E の（法 n に関する）**ガロア表現**と呼ぶ．$\rho_{E,n}$ の核にはガロアの理論の意味で $\boldsymbol{Q}$ の有限次拡大 K_n が対応するが，それは第 6 節で定義した，$E[n]$ の座標をすべて添加した体（$E[n]$ の定義体）である．

一方，重さ 2 の整数係数を持つある特別な性質を持つカスプ形式 f から楕円曲線 E_f を作る志村＝アイヒラー理論というのがある（例えば，ナップ（Knapp）の好著 *Elliptic Curves*（Princeton UP）の第 XI 章を参照）．これを使っ

て谷山予想を言い換えることもできる.

谷山予想（第4形） あらゆる有理楕円曲線は志村＝アイヒラー写像によってカスプ形式から由来している.

さて，素数指数 p のフェルマー方程式から作られたフライ曲線 $E = E_p$ が谷山予想を仮定してモデュラーであるとすれば，それはある性質を備えたカスプ形式 f から作られたものである．そこで，上述の話と合わせると，カスプ形式 f から（楕円曲線 E を経由して）ガロア表現が誘導されることになる．

フライの発見を本節で導入した言葉で再録すると，素数指数 p に対してフェルマー方程式が自然数解を持つならばガロア表現 $\rho_{E,p}$ は 2 と p 以外の素数で不分岐，すなわち $K_p/\boldsymbol{Q}$ では，$2, p$ 以外は分岐しないということである．そして，$\mathrm{Gal}(K_p/\boldsymbol{Q})$ はほとんどいつも（実際は，メーザーの定理の証明を調べてみれば，$p > 163$ ならば）$GL_2(\boldsymbol{F}_p)$ に同型なのである．したがって，$p > 163$ ならば，ガロア表現 $\rho_{E,p}$ は既約である．

こうしたさまざまな条件が満たされれば，必然的にガロア表現が「有限」であるという，この問題のためにセールが導入した性質も満たされることになって，リベット（[76]）が証明したように，f から作られるガロア表現は，実はレベル 2 のカスプ形式から誘導されるガロア表現と同値になってしまうのだが，重さが 2 で，レベルが 2 のカスプ形式

というのは存在しないことがもとから知られている。こういうわけで、めでたく、

$$\text{谷山予想} \Longrightarrow \text{FLT}$$

の証明が完成した。それは 1986 年のことであった。フライがメーザーの結果を知ってフェルマーの大定理の研究に専念し始めてから 9 年後のことであった。

§10. 谷山予想の生い立ち

1955 年，日光で代数的整数論の国際会議が開かれた。国連に加盟が認められたのが翌 56 年のことであるから，1945 年の敗戦以来十年，数学の世界で一足先に国際社会に復帰が認められたという意味で，この 1955 年というのは日本の数学界にとって重要な意味を持つ年号である。それまで，なにしろ明治から戦前の時代まで含めて国際シンポジウムが日本で開かれたことはなかった。前の年，物理学のほうで国際的なシンポジウムが開催されたのに刺激されて，彌永昌吉先生を中心に大変な努力の末，やっと実現したものであった。

高木貞治先生の喜寿を記念して，先生を名誉議長としたというこのシンポジウムは，現在の目から見れば，むしろ小ぢんまりしたものであった。なにしろ招待された外国人数学者はたったの九人だったのだから。しかし，そのメンバーがすごい。大した人数ではないのだから全部ここに記してみよう。

アルチン，ブラウアー，シュヴァレー，ゼリンスキー，

ヴェイユ,ドイリング,セール,ラマナタン,ネロン.

これに岩澤健吉,志村五郎,谷山豊といった面々が加わった会議の壮観さは読者の空想を大いにかき立てるだろう.これにさらにジーゲルとハーセが加われば,当時の偉大な整数論学者が一堂に会した観があるが,ジーゲルはその後間もなくインドで開かれる解析数論の国際会議に出席のため呼ぶことができず,ハーセのほうはユダヤ人をめぐる大戦中の問題が絡んで,アルチンやヴェイユなどの反対もあり,招くことができなかったという.これも戦争の傷跡の一つであった.

シンポジウムの様子は『数学』第7巻,第4号(1956)に見ることができる.会議が終わった後も,来日数学者,特にヴェイユを囲んで若い数学者を中心に活発な議論が交わされた.

「君達もガウスのように始めたまえ.すぐに自分がガウスでないことが分かるだろうが,それでもよい.とにかくガウスのように始めたまえ」

というのは,そうした集会の一つで話された,いまだに語り継がれているヴェイユの言葉である(前掲書,p.267参照).敗戦国である日本の若い数学者を力づけようとするヴェイユ達の善意と,これに刺激されて活発に発言する日本の数学者の熱気がよく窺える.

この国際会議の日本の若手の出席者が中心となって未解決の興味ある問題を集め,それを英訳したものが会議の席上で配布されたという.予算の都合かなにかでそれは印刷さ

れずに終わったのだが,『数学』第 7 巻, 第 4 号には（当然日本語で）収録されている（なお, 英文のものが『谷山豊全集』（日本評論社）, pp. 147-148 で見ることができる）. その中にわれわれが「谷山予想」と呼んでいるものの原型が含まれていた.

問題 12 C を代数体 K 上で定義された楕円曲線とし, K 上 C の L 関数を $L_C(s)$ と書く:
$$\zeta_C(s) = \zeta_K(s)\zeta_K(s-1)/L_C(s)$$
は K 上 C の zeta 関数である. もし Hasse の予想が $\zeta_C(s)$ に対し正しいとすれば, $L_C(s)$ より Mellin 逆変換で得られる Fourier 級数は特別な形の -2 次元の automorphic form でなければならない. もしそうであれば, この形式はその automorphic function の体の楕円微分となることは非常に確からしい.

さて, C に対する Hasse の予想の証明は上のような考察を逆にたどって, $L_C(s)$ が得られるような適当な automorphic form を見いだすことによって可能であろうか. （谷山豊）

問題 13 問題 12 に関連して, 次のことが考えられる. Stufe N の楕円モジュラー関数体を特徴づけること. 特に, この関数体の Jacobi 多様体を isogenous の意味で単純成分に分解すること. また $N = q =$ 素数, かつ $q \equiv 3 \pmod{4}$ ならば, J が虚数乗法を持つ楕円曲線を含むことはよく知られているが, 一般の N についてはどうであろうか. （谷

山豊)

　現在ではもう少し知識が進んでいるから，これら二つの問題を総合した形に定式化されて，それらが谷山予想としてまとめられているのは前節で見たとおりである．ここでは，問題として述べられているのであって，必ずしも予想という形をとっているわけではないことは注意を喚起しておこう．

　なお，上掲の『数学』の「虚数乗法に関する非公式討論会」に次のようなヴェイユと谷山の会話が収録されている (p. 228；『谷山豊全集』p. 168)：

Weil. 楕円関数は全部モジュラー関数で一意化されると思うか？
谷山. モジュラー関数だけでは駄目だろう．別の特別な型の automorphic function が必要だと思う．

　この会話が有理数体上定義されていることを前提に交わされていると見れば，谷山は現在いわれるところの「谷山予想」に関して肯定的な見方はしていなかったことになる．先の二つの問題のように一般の代数体上で定義される曲線を考えていたのだという可能性もあるが，その際は谷山は必ずしも有理数体上のことだけを特別視して考えてはいなかったということになる．ラング (S. Lang) は，ヴェイユはこの予想に何の貢献もしていないという見解のようだ

が，上の対話を見れば，ヴェイユはこうした問題に十分関心を持っていたことは明らかである．

きわめて明確に「任意の有理楕円曲線はモジュラーである」という予想を述べたのは，後述のように志村五郎であるらしい．こういう事情を全体的に評価するなら，ヴェイユがこの予想を肯定的に見ていなかったにしても，日光シンポジウムにおけるヴェイユの指導的役割や，この周辺の問題における大きな業績，たとえば導手 N をこの問題に関連づけたことから，「志村＝谷山＝ヴェイユ予想」と呼んでもおかしくはなかろう．予想なのだから名前などどうでもいい，誰が関係したかなどわずらわしい詮索だと思えば，谷山予想と呼べばよい．

ラングという人は何でもはっきりさせないと気に入らない人らしく，この予想の故事来歴について詳しく調べた結果，先述のように，ヴェイユはこの予想に何の寄与もしていないと断定した．「ラング・ファイル」と呼ばれる文書をちょっとだけ覗いてみよう．

> ヴェイユはこの予想に何の関係もない．ヴェイユも出席した 1955 年の東京＝日光会議で配布された問題集の中の二つにおいて，谷山はこの予想を大ざっぱな形で述べた．これらの問題は日本語で出版された谷山の全集には収録されたが，残念ながら，英語では出版されなかった．しかし，多くの人がコピーを持っていて，その一人セールは約 15 年前にこれらの問題に注目している．

§10. 谷山予想の生い立ち

60年代の初めまではこの予想は十分記憶に留まるものであったとも，信じられていたともいいがたい．例えば，志村がアイヒラーの結果を拡張した後の1962，63年にセールは志村と会話を交わした折，志村の結果はたいそう限られた範囲の曲線にしか適用できないのだから，たいして良い結果だとは思わないと述べた．志村は，すべての有理楕円曲線はモデュラーだと自分は思うので，セールの考えは間違っていると思うと答えた．一日二日の後に，セールはこれをヴェイユに話した．するとヴェイユは，本当にそう信じているのかどうか志村に尋ねた．志村は「そうです．あなたはそうだろうとは思わないのですか」と答えた．このとき，ヴェイユは愚かなコメントをした：「両方とも可算集合なのだから，そうなってもさしつかえはないが，この仮説に有利な事実もまったく知らない」

かくして志村は谷山の問題に正確性を加え，楕円曲線をモデュラー曲線のヤコビアンに含まれていると見るという，谷山の定式化に「代数的」解釈を与えたという点で貢献した．谷山，志村の双方は有理楕円曲線について流布していた心理状態を変えたという点で貢献した．これは印象に残る数学的貢献である．(中略)

十年ばかり前，私は以上の事実を大勢の人に知ってもらうために，1955年の問題集を大量にコピーして送った．さらに，バリー・メーザーから，60年代の早い頃にある研究会の席でヴェイユが口頭で（ぞんざいにも）志

村に功績を帰しているのを聞いたと聞かされた．ヴェイユは彼の論文「関数等式によるディリクレ級数の決定について」(1967a) の中で谷山あるいは志村に言及しなかったという点で誤った帰属をしたことに対して大いに責任がある．というのは，印刷物において正しい帰属をし，彼の論文に先立つ上のような歴史を思い起こすのに自分の全集が出るまで待っていたのだから．

ヴェイユは自分の全集の中で論文の一つ一つにコメントを付した．それは『数学の創造——著作集自註』という題名で杉浦光夫氏によって翻訳されている ([101])．「関数等式によるディリクレ級数の決定について」という論文の註でも，ヴェイユは「可算集合だから云々」ということを書いている．その後のほうで「予想」という言葉についてヴェイユが語っているから引用しておこう．

　この機会に使われ過ぎ，濫用されているこの言葉についても感想を述べておこう．数学者は絶えずあれこれの事柄が正しいとしたら「すばらしいな」とか「こうなるとうまいのだが」と言っている．ときには大して苦労もせずに，それが確かめられることもある．また，まもなく自らそれが誤りであることに気付くこともある．ある時間努力したのに予感したことを証明できないと数学者は，その内容自身は大して重要でない場合でも，「予想」ということを言い始めるのが常である．たいていの場合

それは時期尚早である．(中略)「モーデル予想」に関しては，我々はそこまで進んでいない．これは数論家ならだれしも考える問題を扱っている．もっともこれの肯定に賭けるにしても，否定に賭けるにしても確実な理由はまったく見あたらないのである．方程式 $f(x,y)=0$ に対して，無限個の有理解が存在することは，それを裏付ける代数的な根拠がなく，おそらくほとんどありそうもないことだといえるだろう．けれどもこれでは議論にならない……．(中略)

　いずれにせよ，私にそうせよと言われることもないだろうが，もし私が忠告すべきだと言うならば，今後「予想」という言葉は現在よりもっと慎重に使ってもらいたいと思う．

「ラング・ファイル」を通読して受けた感想をまとめると次のようである：

(1) 1955年の段階でこうしたことがすでに話題になっていたということは，いまから見れば驚くべきことである．

(2) この問題はその後しばらくの間忘れ去られ，志村の業績に関連して，新たにその意味が認識されるようになった．

(3) ヴェイユはいわゆる谷山予想については一定の距離を置いていたようである．

§11. ワイルズ・ザ・コンカラー

ワイルズは第7節で述べたように1986年のフライの講演に出席し，FLTが谷山予想に関係していることを知った．そして，リベットの仕事 [76] により，FLT山がついに自分の登頂すべき対象として目前に姿を現したことを知った．ワイルズが新聞社のインタビュー（『数学セミナー』1993年9月号，山下純一訳）に答えて語った次のくだりはよく引用されるから読者も何度か目にされたかもしれないが，話の成りゆき上ここでも引用させてもらおう．

> ぼくは，フライとリベットの結果を知ったとき，風景が変化したことに気がついた．(中略) このときまで，フェルマの最終定理は，何千年間もそのままでけっして解かれることがなく，数学がほとんど注目することがない数論の他の [散発的かつ趣味的な] ある種の問題と同じようなものに見えていた．ところがフライとリベットの結果によって，フェルマの最終定理は，数学が無視することのできない重要な問題の結論という形に変貌したのだ．(中略) ぼくにとって，そのことは，この問題がやがて解かれるであろうということを意味していた．そして，いったんそうした確信に到達すると，ぼくは挑戦せずにはいられなくなるのだ．

ワイルズがフェルマー予想を知ったのは10歳のときだったという．数学を志したのもこれを解こうと思ったからだ

§11. ワイルズ・ザ・コンカラー

と，先のインタビューで語っている．しかし，専門家になってみると，十代の情熱を傾けた素朴な取り組み方ではとうてい解決しないと気付いたのだった．しかし，時は来た．ごく身近な友人以外には知られぬように引き籠って苦闘7年，ついに1993年6月23日がやってきた．ケンブリッジ大学のニュートン研究所でワイルズは "Modular Forms, Elliptic Curves and Galois Representations（保型形式・楕円曲線・ガロア表現）" と題する講演を行なった．その模様は栗原将人さんが『数学セミナー』1993年9月号で伝えている．また，講義の詳しい内容はRubinとSilverbergがアメリカ数学会の『会報 (*Bulletin*)』(1994) で報告している．

ワイルズにとって証明したいのは「楕円曲線は，少なくとも半安定ならばモデュラーである」という命題である．ここではもうフライ曲線も，フェルマー方程式も，したがってその指数である素数 p も関係がなく，単に，少なくとも半安定という性質を備えてさえいれば，楕円曲線はモデュラー曲線によってパラメトライズされるのだという命題を証明するのである．

そこで E を与えられた半安定という性質を持つ楕円曲線としよう．いろいろな素数に関してガロア表現を考察し，そこから E がモデュラーであるということを導こうというのが普通の感覚であるが，ワイルズの採った道はそうではなかった．たった一つの素数に対してガロア表現を考察し，それがある意味でモデュラーならば，E もモデュラーにな

るということを証明しようというのである.

まず,素数 l を一つ固定する.$E[l^\nu]$ ($\nu=1,2,3,\cdots$) によって E の l^ν 等分点のなす群を記す.前節まではただ一つの群を考えてきたのだが,一系列の無数の群を扱うことになる.そうするとガロア表現の列

$$\rho_{E,l^\nu} : \mathrm{Gal}(\bar{\mathbf{Q}}/\mathbf{Q}) \longrightarrow GL_2(\mathbf{Z}/l^\nu\mathbf{Z})$$

が,前節に見たような方法で誘導される.$\mathbf{Z}/l^\nu\mathbf{Z}$ の射影極限は l 進整数環 $\mathbf{Z}_l$ であるから,ガロア表現の列は一つの表現

$$\rho_{E,l^\infty} : \mathrm{Gal}(\bar{\mathbf{Q}}/\mathbf{Q}) \longrightarrow GL_2(\mathbf{Z}_l)$$

としてまとめられる.こうして,谷山予想の新しい形が得られる:

谷山予想(第5形) 楕円曲線 E がモジュラーであるためには一つの素数 l に対して表現 ρ_{E,l^∞} が(しかるべく定義された意味で)モジュラーであることと同値である.

表現 ρ_{E,l^∞} がモジュラーならば,$\rho_{E,l}$ は必然的に(弱い意味で)モジュラーなのだが,逆にある奇素数 l について,たった一つの $\rho_{E,l}$ がモジュラーならば,全体の ρ_{E,l^∞} もモジュラーであるということを証明しようというのがワイルズの戦略であった.彼は最終的には可換代数の諸手法を駆使して,ある二つの環の間の,上への準同型写像 $\varphi: R \to T$ が実は同型写像であることを証明すればいいというところまで追いつめ,ヘッケ環と呼ばれている可換環 T(これは

§11. ワイルズ・ザ・コンカラー 321

カスプ形式の上に作用するヘッケ作用素から生成される通常の意味でのヘッケ環を完備化したもの）が完全交叉という性質を備えているならば，φ は全射となるということを発見した．1993年のケンブリッジでの講演では φ の同型性をある数論的な群の位数間の不等式にまで還元し，その不等式をオイラー・システムと呼ばれる考え方を通じて証明したと宣言したのであった．

講演の後ワイルズはその長大な論文をファルチングス，カッツを含む数人の信頼できる専門家のチェックに委ねた．委託された数学者達はこの内容を漏らさなかったために，噂話ばかりが飛び交う日々が続いたが，そのうち大きなギャップが見つかったらしいという話が伝わり始め，ワイルズが苦慮しているという情報は確実なものとなっていった．そして，同年12月には，ギャップを認めるワイルズ自身の声明が発表された．

　　点検作業の中で，問題点がいくつか現われ，そのほとんどは解決された．しかし，一つだけは解決できずにいる．谷山予想をセルマー群の計算に還元する基本的な部分は正しかったのだが，セルマー群の位数の正確な上限を求める計算が完全ではなかった．しかし，近い将来その証明を完成することができるだろう．

この間，「ワイルズの方法には真実の響きがある」というメーザーの言葉が代表するように彼の辿った戦略が大筋に

おいて正しいという見方に異議を唱える声はなかった．しかし，予告された翌年（1994年）2月のプリンストンでの講演はいつまで経っても開かれなかったので，私などは肝心の部分の証明は相当先に延びるのではないかという印象を持ったものである．

ワイルズは結局オイラー・システムによる方法をあきらめ，以前考えていたもっと直接的な道を辿ることにするのだが，その辺の経緯は彼自身に語ってもらうのが最善だろう（[96] の序文から）:

　　1994年1月にはオイラー・システムの議論を立て直すためにテーラーに加わってもらった．そして1994年の春にオイラー・システムの議論を修正するのに嫌気がさした私はテーラーとともに $p=2$ を使う新しい議論を案出する試みを手がけ始めた．しかし，$p=2$ を使う試みは8月末には行き詰まってしまった．テーラーはそれでもオイラー・システムの議論が修正不可能だと考えてはいなかったのだけれど，9月には私は，（以前ぶつかった）障害をもっと正確に定式化するだけだとしても，Flach の理論を一般化する試みをもう一度やってみようと決心した．これを実行するうちに突然すばらしい啓示を得た．1994年9月19日，私は一瞬のうちに，de Shalit の理論は，一般化すれば，双対性とともに，適当な補助的レベルのヘッケ環を一つの冪級数環へと張り合わせるのに利用することができる，ということを悟った．私は思い

がけず,以前に放棄した道に欠けていた鍵を発見したのだった.

本人の記述だけにさすがにリアルで,緊迫感がみなぎっている(これは数学の論文には真に珍しいことである).テーラーとの共著となった論文 [88] において「ヘッケ環 T は完全交叉である」という懸案のギャップを埋める証明が完成された.その結果,次が証明されたことになる.

定理 6.9 E を半安定な有理楕円曲線とし,l を奇素数とする.法 l のガロア表現 $\rho_{E,l}$ が既約かつモデュラーならば,楕円曲線 E はモデュラーである.

いま,E が半安定であるとし,$\rho_{E,3}$ という表現を考える.この表現が既約であれば,$GL_2(\boldsymbol{F}_3)$ が可解群であるということから E はモデュラーであることが従う(ラングランズとタヌルの結果).$\rho_{E,3}$ が可約の場合は,表現 $\rho_{E,5}$ を考察する.これも可約なら,E がモデュラーであることが直接証明される.そこで $\rho_{E,5}$ が既約であるとする.こう仮定しておいて,ワイルズはもう一つ別の半安定な楕円曲線 E' で,法 5 のガロア表現 $\rho_{E',5}$ は $\rho_{E,5}$ と一致し,しかも $\rho_{E',3}$ は既約なようなものを見つけてくる.かくして,定理 6.9 から目標の命題が証明された:

定理 6.10(ワイルズ) 半安定な有理楕円曲線はモデュ

ラーである.

　1994年9月,ワイルズは,テーラーと共著の論文 [88] と,ギャップありと指摘されたもとの論文の正しかった部分をまとめた論文 [96] を *Annals of Mathematics* に投稿した. 1995年2月13日,編集委員会は証明に間違いはないという判定を下し,マスコミに公表した. そしてこれら二つの論文だけを掲載した雑誌が発行されたのが6月のことだった.

　こうして,「フェルマーの大定理」とも「フェルマーの最終定理」とも「フェルマー予想」とも「フェルマー問題」とも呼ばれ,360年もの間,数学愛好者の夢であった問題は最終的に決着が着いたのである.

　その後,この方面の研究は大いに進み,谷山予想が完全に証明されたのだが,そのことはフェルマーの大定理とはもう関係がないので,この辺で終わりにしよう.

参考文献

[1] Adachi, N., A valuational interpretation of Kummer's theory of ideal numbers, *Proc. Japan Acad.*, Vol. 61, Ser. A, No. 7 (1985) 235-238.

[2] Adachi, N., Elliptic Curves: From Fermat to Weil, *Historia scientiarum*, Vol. 9-1, *The History of Science Society of Japan* (1999) 1-23.

[3] Bergmann, G., Über Eulers Beweis des grossen Fermatschen Satzes für den Exponenten 3, *Math. Ann.*, 164 (1966) 159-175.

[4] Boyer, C. B., *A History of Mathematics*, John Wiley & Sons, 1968.

[5] Cajori, F., *A History of Mathematical Notations*, 2 vols., The Open Court Publ. Co., 1928.

[6] Cassels, L. J., Mordell, *Bull. London Math. Soc.*, 6 (1974) 69-96.

[7] Clebsch, A., Über diejenigen Curven, deren Coordinaten sich als elliptische Funktionen eines Parameters darstellen lassen, *J. Reine Angew. Math.*, 64 (1865) 210-270.

[8] Dedekind, R., *Gesammelte mathematische Werke*, 3 vols., Fricke, Noether & Ore eds., Vieweg, Braunschweig, 1930, 1931, 1932.

[9] Demjanenko, V. A., Points of finite order on elliptic curves (Russian), *Acta Arith.*, 19 (1971) 185-194.

[10] Descartes, R., *The Geometry*, English transl. by Smith and Latham with a facsimile of the first edition, The Open Court Publ. Co., 1925 (reprint, Dover, 1954).

[11] Dickson, L. E., *History of the Theory of Numbers*, 3

vols., Carnegie Institute of Washington, 1919, 1920 and 1923 (reprint, Chelsea, 1971).

[12] Edwards, H. M., The background of Kummer's proof of Fermat's Last Theorem for regular primes, *Arch. Hist. Exact Sci.*, 14 (1975) 219-236.

[13] Edwards, H. M., Postscript to "The background of Kummer's proof of Fermat's Last Theorem for regular primes", *Arch. Hist. Exact Sci.*, 17 (1977) 381-394.

[14] Edwards, H. M., *Fermat's Last Theorem*, Springer, 1977.

[15] Edwards, H. M., The genesis of ideal theory, *Arch. Hist. Exact Sci.*, 23 (1980) 321-378.

[16] Eecke, P. Ver, *Diophante d'Alexandrie*, Bruges, 1926.

[17] Euclid, *The Thirteen Books of the Elements*, 3 vols., transl. by T. L. Heath, Cambridge, 1908.

[18] Euler, L., *Vollständige Anleitung zur Algebra* (1770) reprinted in *Opera Omnia*, ser.I, vol.1.

[19] Faltings, G., Endlichkeitssatze für abelsche Varietäten über Zahlkörpern, *Inventiones Mathematicae*, 73, Fasc. 3 (1983) 349-366.

[20] Ferguson, R. P., On Fermat's Last Theorem, I, II, III, *J. Undergrad. Math.*, 6 (1974) 1-14, 85-98, and 7 (1975) 35-45.

[21] Fermat, P. de, *Œuvres*, 4 vols. and *Supplement*, ed. by P. Tannery and C. Henry, 1891, 1894, 1896, 1912, 1922.

[22] Fermat, P. de, *Varia Opera Mathematica d. Petri de Fermat*, 1679 (reprint, Culture et Civilisation, Brussels, 1969).

[23] Fibonacci (Leonardo Pisano), *The Book of Squares* (tr. by L. E. Sigler), Academic Press, 1987.

[24] Frey, G., Some remarks concerning points of finite

order on elliptic curves over global fields, *Arkiv. Mat.*, 15, no.1 (1977) 1-19.

[25] Frey, G., Rationale Punkte auf Fermatkurven und getwisteten Modulkurven, *J. Reine Angew. Math.*, (1982) 186-191.

[26] Frey, G., Links between stable elliptic curves and certain diophantine equations, *Ann. Univ. Sarav. Math.* Ser. 1 (1986) 11-40.

[27] Friberg, J., Methods and traditions of Babilonian mathematics, *Historia Mathematica*, 8 (1981) 277-318.

[28] Gauss, C. F., *Disquisitiones Arithmeticae*, Leipzig, 1801.

[29] Gauss, C. F., *Untersuchungen über Hohere Arithmetik* (German transl. of [28] and other works on number theory) H. Maser, transl., Springer, 1889 (reprint, Chelsea, 1965).

[30] Gauss, C. F., *Disquisitiones Arithmeticae* (English transl. of [28] by A. A. Clarke), Yale Univ., 1966.

[31] Gauss, C. F., *Werke*, 12 vols., Leipzig, 1866-1933.

[32] Gillispie, C. C. ed., *Dictionary of Scientific Biography*, 16 vols., Scribner's Sons, 1970-1976.

[33] Haentzschel, E., Euler und die Weierstraßsche Theorie der elliptischen Funktionen, *Jahresbericht d. Deutschen Math.-Vereinigung*, 22 (1913) 278-284.

[34] Hasse, H., *Zahlentheorie*, Akademie-Verlag, Berlin, 1949.

[35] Hasse, H., *Mathematische Abhandlungen*, 1975.

[36] Hasse, H., History of Class Field Theory, in *"Algebraic Number Theory"* ed. by Cassels-Fröhlich, Academic Press, London, 1967.

[37] Heath, T. L., *Diophantus of Alexandria*, 2nd ed., Cambridge, 1910.

[38] Hellegouarch, Y., Étude des points d'ordre fini des variétés abéliennes de dimension un définies sur un anneau principal, *J. Reine Angew. Math.*, 244 (1970) 20-36.

[39] Hellegouarch, Y., *Courbes élliptiques et équation de Fermat*, Thèse, Besançon, 1972.

[40] Hellegouarch, Y., Points d'ordre $2p^h$ sur les courbes élliptiques, *Acta Arith.*, 26 (1975) 253-263.

[41] Hensel, K., *Theorie der algebraischen Zahlen*, Teubner, Leibzig/Berlin, 1908.

[42] Hensel, K., *Zahlentheorie*, Goschen, Berlin/Leibzig, 1913.

[43] Hilbert, D., Die Theorie der algebraischen Zahlkörper (called "Zahlbericht"), *Jahresber. der Deut. Math. Verein.*, 4 (1897) 175-546; Gesammelte Abhandlungen, 1, 63-363.

[44] Hurwitz, A., Über ternäre diophantische Gleichungen dritten Grades, *Vierteljahrschrift d. Naturfor. Gesell. Zürich*, 62 (1917) 207-229=*Werke*, II, 446-468.

[45] Jacobi, C. G., De usu theoriae integralium ellipticorum et integralium abelianarum in analysi diophantea, *J. Reine Angew. Math.*, 13 (1834) 353-355=*Gesammelte Werke* II, 51-55.

[46] Klein, J., *Die griechische Logistik und die Entstehung der Algebra*, 2 vols., Quellen und Studien zur Gesch. d. Math., 3, 1936.

[47] Klein, J., *Greek Mathematical Thought and the Origin of Algebra*, transl. of [46] by E. Brann, MIT Press, 1968.

[48] Koblitz, N., ed., *Number Theory Related to Fermat's Last Theorem*, Birkhäuser, 1982.

[49] Kronecker, L., *Werke*, 5 vols., Hensel, ed., Teubner,

1895, 1897, 1899, 1929, 1930.

[50] Kummer, E. E., Collected Papers, André Weil, ed., vol.1, *Contributions to number theory*, Springer, 1975.

[51] Kummer, E. E., De numeris complexis, qui radicibus unitatis et numeris integris realibus constant, Gratulationschrift der Univ. Breslau zur Juberfeier der Univ. Königsberg; reprint, *Jour. de Math.*, 12 (1847) 185-212.

[52] Kummer, E. E., Über die Divisoren gewisser Formen der Zahlen, welche aus der Theorie der Kreistheilung entstehen, *Jour. für Math.* (*Crelle*) 30 (1846) 107-116.

[53] Kummer, E. E., Zur Theorie der complexen Zahlen, *Monatsber. Akad. Wiss. Berlin*, 1846, 87-96; also *Jour. für Math.* (*Crelle*) 35 (1847) 185-212.

[54] Kummer, E. E., Über die Zerlegung der aus Wurzeln der Einheit gebildeten complexen Zahlen in ihre Primfactoren, *Jour. für Math.* (*Crelle*) 35 (1847) 327-367.

[55] Kummer, E. E., Beweis des Fermat'schen Satzes der Unmöglichkeit von $x^\lambda + y^\lambda = z^\lambda$ für eine unendliche Anzahl Primzahlen λ, *Monatsber. Akad. Wiss. Berlin*, (1847) 132-141, 305-319.

[56] Kummer, E. E., Bestimmung der Anzahl nicht äquivalenter Classen für die aus λten Wurzeln der Einheit gebildeten komplexen Zahlen und die idealen Faktoren derselben, *Jour. für Math.* (*Crelle*) 40 (1850) 93-116.

[57] Kummer, E. E., Zwei besondere Untersuchungen über die Classen-Anzahl und über die Einheiten der aus λten Wurzeln der Einheit gebildeten complexen Zahlen, *Jour. für Math.* (*Crelle*) 40 (1850) 117-129.

[58] Kummer, E. E., Allgemeiner Beweis des Fermat'schen Satzes, dass die Gleichung $x^\lambda + y^\lambda = z^\lambda$ durch ganze Zahlen unlösbar ist, für alle diejenigen Potenz-

Exponenten λ, welche ungerade Primzahlen sind und in den Zahlen der ersten $(\lambda-3)/2$ Bernoulli'schen Zahlen als Faktoren nicht vorkommen, *Jour. für Math.* (*Crelle*) 40 (1850) 130-138.

[59] Kummer, E. E., Über eine allgemeine Eigenschaft der rationalen Entwicklungscoefficienten einer bestimmten Gattung analytischer Funktionen, *J. für Math.* (*Crelle*) 41 (1851) 368-372.

[60] Kummer, E. E., Mémoire sur la théorie des nombres complexes composés de racines de l'unité et de nombres entiers, *Jour. de Math.*, 16 (1851) 377-498.

[61] Kummer, E. E., Über die den Gaussischen Perioden der Kreistheilung entsprechenden Congruenzwurzeln, *Jour. für Math.* (*Crelle*) 53 (1857) 142-148.

[62] Kummer, E. E., Einige Sätze über die aus den Wurzeln der Gleichung $\alpha^\lambda = 1$ gebildete complexen Zahlen, für den Fall, dass die Klassenanzahl durch λ teilbar ist, nebst Anwendung derselben auf einen weiteren Beweis des letzten Fermat'schen Lehrsatzes, *Monats. König. Preuss. Akad. Wiss. zu Berlin* (1857) 275-282, 41-71.

[63] Kummer, E. E., Bemerkungen über die aus 29ten Einheitswurzeln gebildeten complexen Zahlen, *Monats. König. Preuss. Akad. Wiss. zu Berlin* (1860) 734-735.

[64] Kummer, E. E., Über diejenigen Primzahlen λ, für welche die Klassenzahl der aus λten Einheitswurzeln gebildeten complexen Zahlen durch λ teilbar ist, *Monats. König. Preuss. Akad. Wiss. zu Berlin* (1874) 239-248.

[65] Levi, B., Saggio per una teoria aritmetica della forme cubiche ternarie, *Academia reale delle scienze di Torino*, Nota I-IV, 1906-1908.

[66] Mahoney, M. S., *The Mathematical Career of Pierre de Fermat 1601-65*, Princeton, 1973.

[67] Mazur, B., Modular curves and the Eisenstein ideal, *IHES*, 47 (1977) 33-186.

[68] Mordell, L. J., Indeterminate equations of the third and fourth degrees, *Quart. J. Pure and Applied Math.*, 45 (1914) 170-186.

[69] Mordell, L. J., On the rational solutions of the indeterminate equations of the 3rd and 4th degrees, *Proc. Camb. Phil. Soc.*, 21 (1922) 179-192.

[70] Mordell, L. J., *A Chapter in the Theory of Numbers*, Cambridge, 1947.

[71] Mordell, L. J., *Diophantine Equations*, Academic Press, 1969.

[72] Neugebauer, O., *The Exact Sciences in Antiquity*, Brown Univ., 1957 (reprint, Dover, 1969).

[73] Poincaré, H., Sur les propriétés arithmétiques des courbes algébriques, *J. Math.*, (3), 7 (1901) 161-233= *Œuvres*, 483-548.

[74] Price, D. J. de Solla, The Babylonian "Pythagorean triangle" tablet, *Centaurus*, 10 (1964) 219-231.

[75] Ribenboim, P., *13 Lectures on Fermat's Last Theorem*, Springer, 1979.

[76] Ribet, K., On modular representations of $\mathrm{Gal}(\bar{Q}/Q)$ arising from modular forms, *Invent. Math.*, 100 (1990) 431-476.

[77] Ribet, K. A., Galois representations and modular forms, *Bull. AMS* (New Series), 32 (4), (1995) 375-402.

[78] Schmidt, O., On Plimpton 322, Pythagorean numbers in Babylonian mathematics, *Centaurus*, 24 (1980) 4-13.

[79] Serre, J.-P., Propriété galoisiennes des points d'ordre fini des courbes elliptiques, *Inv. Math.*, 15 (1972), 259-331.

[80] Serre, J.-P., Lettre à J.-F. Mestre (13 août 1985),

Contemp. Math., 67 (1987) 263-268.

[81] Serre, J.-P., Sur les représentations modulaires de degré 2 de Gal($\bar{Q}/Q$), *Duke Math. J.*, 54 (1987) 179-230.

[82] Sesiano, J., *Books IV to VII of Diophantus' Arithmetica*, Springer, 1982.

[83] Shimura, G., *Introduction to the arithmetic theory of automorphic functions*, Iwanami Shoten Publishers, Tokyo, 1971.

[84] Siegel, C. L., Über einige Anwendungen diophantischer Approximationen, *Abh. Preuss. Akad. Wiss. Phys-Math. Kl.* (1929), Nr. 1 = *Gesammelte Abhandlungen*, 1 (1966) 209-266.

[85] Siegel, C. L., Zu zwei Bemerkungen Kummers, *Nachr. Akad. d. Wiss. Göttingen, Math. Phys. Kl.*, 11 (1964) 51-57; *Gesammelte Abhandlungen*, vol. III, 436-442, Springer, 1966.

[86] Smith, H. J. S., Report on the theory of numbers, Part II, *Report of the British Association for 1859*, 228-267; *Collected Mathematical Works*, I, Clarendon Press, Oxford (1894) 131-137. (reprint, Chelsea, 1965)

[87] Struik, D. J., *A Source Book in Mathematics, 1200-1800*, Harvard, 1969.

[88] Taylor, R./Wiles, A., Ring-theoretic properties of certain Hecke algebras, *Ann. Math.*, 2nd ser., 141 (1995) 553-572.

[89] Van der Waerden, B. L., *Science Awakening I*, transl. by A. Dreden, Oxford, 1961.

[90] Vandiver, H. S., On Fermat's last theorem, *Trans. Amer. Math. Soc.*, 31 (1929) 613-642.

[91] Vandiver, H. S., Fermat's Last Theorem; its history and the nature of the results concerning it, *Amer. Math.*

- [92] Weber, H., *Lehrbuch der Algebra*, III, 2nd ed., 1908.
- [93] Weil, A., Sur un théorème de Mordell, *Bull. Sci. Math.*, (2) 54 (1930) 182-191 = *Collected Papers*, 1.
- [94] Weil, A., Œuvres Scientifiques, *Collected Papers*, 3 vols., Springer, 1979.
- [95] Weil, A., *Number Theory, An Approach through History, From Hammurapi to Legendre*, Birkhäuser, 1984.
- [96] Wiles, A., Modular elliptic curves and Fermat's Last Theorem, *Ann. Math.*, 2nd ser., 141 (1995) 443-551.
- [97] Zagier, D., Elliptische Kurven: Fortschritte und Anwendungen, *Jber. d. Dt. Math.-Verein.*, 92 (1990) 58-76.
- [98] 足立恒雄『フェルマーを読む』日本評論社, 1986.
- [99] 足立恒雄『たのしむ数学10話』岩波ジュニア新書, 1988.
- [100] 足立恒雄「パラダイムとしての p 進解析」,『数理科学』1998年12月号.
- [101] ヴェイユ『数学の創造——著作集自註』(杉浦光夫訳) 日本評論社, 1983.
- [102] ヴェイユ『数論——歴史からのアプローチ』(足立恒雄・三宅克哉訳) 日本評論社, 1987 ([95] の和訳).
- [103] ガイ『数論における未解決問題集』(一松信監訳) シュプリンガー・フェアラーク東京, 1983.
- [104] 笠原乾吉・杉浦光夫編『20世紀の数学』日本評論社, 1998.
- [105] クライン『19世紀の数学』(彌永昌吉他訳) 共立出版, 1995 (原著: Klein, F., *Vorlesungen über die Entwicklung der Mathematik im 19. Jahrhundert*, Springer, 1926).
- [106] サボー『ギリシア数学の始原』(中村幸四郎・中村清・村田全訳) 玉川大学出版部, 1978.
- [107] シルヴァーマン=テイト『楕円曲線論入門』(足立恒雄他訳) シュプリンガー・フェアラーク東京, 1995 (原著: Silverman/Tate, *Rational Points on Elliptic Curves*, Springer, UTM,

1992).
- [108] 『数学』第7巻, 第4号 (1956) 日本数学会編集.
- [109] 高木貞治『代数的整数論 (第2版)』岩波書店, 1971.
- [110] ディリクレ=デデキント『整数論講義』(酒井孝一訳) 共立出版, 1970.
- [111] 『デカルト著作集』全四巻, 白水社, 1973.
- [112] デュドネ編『数学史 (1700-1900)』(上野健爾他訳) 岩波書店, 1985 (原著: Dieudonné, J. (ed.), *Abrégé d'histoire des mathématiques*, 2 vols, Herman, Paris, 1978).
- [113] 中村幸四郎『近世数学の歴史——微積分の形成をめぐって』日本評論社, 1980.
- [114] 中村幸四郎『数学史——形成の立場から』共立出版, 1981.
- [115] ノイゲバウアー『古代の精密科学』(矢野道雄・斎藤潔訳) 恒星社厚生閣, 1984 ([72] の邦訳).
- [116] 『パスカル全集』第1巻, 人文書院, 1959.
- [117] ヒース『ギリシャ数学史』II (平田寛・菊地・大沼訳) 共立出版, 1960.
- [118] フルヴィッツ=クーラント『楕円関数論』(足立恒雄・小松啓一共訳) シュプリンガー・フェアラーク東京, 1991 (原著: Hurwitz-Courant, *Vorlesungen über allgemeine Funktiontheorie und elliptische Funktionen*, 4. Auflage, Springer, Berlin, 1964 の部分訳).
- [119] 『ユークリッド原論』(中村幸四郎・寺阪英孝・伊東俊太郎・池田美恵訳) 共立出版, 1971.
- [120] ラーシェド『アラビア数学の展開』(三村太郎訳) 東京大学出版会, 2004.
- [121] リーベンボイム『フェルマーの最終定理13講』(吾郷博顕訳) 共立出版, 1983 ([75] の邦訳).

主要登場人物生没年表

[20 世紀以前]
アイゼンシュタイン (F. Gotthold Max Eisenstein)　1823-1852
ヴィエト (François Viète)　1540-1603
ウェーバー (Wilhelm Eduard Weber)　1804-1891
ウォリス (John Wallis)　1616-1703
エウクレイデス (Eukleides)　B.C.4 世紀頃
オイラー (Leonhard Euler)　1707-1783
ガウス (Carl Friedrich Gauss)　1777-1855
カルカヴィ (Pierre de Carcavi)　1600?-1684
カルダノ (Gerolamo Cardano)　1501-1576
クシランダー → ホルツマン
クロネッカー (Leopold Kronecker)　1823-1891
クンマー (Ernst Eduard Kummer)　1810-1893
コーシー (Augustin Louis Cauchy)　1789-1857
ジェルマン (Sophie Germain)　1776-1831
ジラール (Albert Girard)　1595-1632
スホーテン (Frans van Schooten)　1615?-1661
スミス (Henry John Stephen Smith)　1826-1883
ディオファントス (Diophantos)　3 世紀頃
ディグビイ (Sir Kenelm Digby)　1603-1665
ディリクレ (Peter Gustav Lejeune Dirichlet)　1805-1859
デカルト (René Descartes)　1596-1650
デザルグ (Gérard Desargues)　1593-1662
デデキント (Julius Wilhelm Richard Dedekind)　1831-1916
ニュートン (Sir Isaac Newton)　1642-1727
ハイヤーム (Umar Khaiyam)　1048-1123
バシェ (Claude Gaspar Bachet de Mèziriac)　1581-1638
パスカル (Blaise Pascal)　1623-1662

パスカル (Etienne Pascal) 1588-1651
ピュタゴラス (Pythagoras) B.C.6世紀
ヒルベルト (David Hilbert) 1862-1943
フィボナッチ (Fibonacci, Leonardo Pisano) 1174?-1250?
フェラリ (Ludovico Ferrari) 1522-1565
フェルマー (Pierre de Fermat) 1601-1665
フェルマー (Samuel de Fermat) 1632-1690
ブランカー (Viscount William Brouncker) 1620-1684
フレニクル (Bernard Frenicle de Bessy) 1612?-1675
ボーグラン (Jean de Beaugrand) 1600?-1640?
ホルツマン (Wilhelm Holzman, Xylander) 1532-1576
ボンベリ (Rafael Bombelli) 1526-1572
メルセンヌ (Marin Mersenne) 1588-1648
ヤコービ (Carl Gustav Jacob Jacobi) 1804-1851
ユークリッド → エウクレイデス
ライプニッツ (Gottfried Wilhelm Leibniz) 1646-1716
ラグランジュ (Joseph Louis Lagrange) 1736-1813
ラメ (Gabriel Lamé) 1795-1870
リーマン (Georg Friedrich Bernhard Riemann) 1826-1866
リューヴィル (Joseph Liouville) 1809-1882
ルジャンドル (Adrien Marie Legendre) 1752-1833
レギオモンタヌス (Regiomontanus, Johann Müller) 1436-1476
ロベルヴァル (Gilles Personne de Roberval) 1602-1675
ワイヤストラス (Karl Weierstrass) 1815-1897

[20世紀]

アイヒラー（Martin Maximilian Emil Eichler） 1912-1992
アルチン（Emil Artin） 1898-1962
岩澤健吉　　1917-1998
ヴェイユ（André Weil） 1906-1998
ザギェ（Don Zagier） 1951-
ジーゲル（Carl Ludwig Siegel） 1896-1981
志村五郎　　1930-
シュヴァレー（Claude Chevalley） 1909-1984
スウィンナトンダイア（Henry Peter Francis Swinnerton-Dyer） 1927-
セール（Jean-Pierre Serre） 1926-
高木貞治　　1875-1960
谷山豊　　1927-1958
テート（John Torrence Tate） 1925-
ドイリング（Max Friedrich Deuring） 1907-1984
ネロン（André Néron） 1922-
ハーセ（Helmut Hasse） 1898-1979
バーチ（Bryan John Birch） 1931-
ヒルベルト（David Hilbert） 1862-1943
ファルチングス（Gerd Faltings） 1954-
フライ（Gerhard Frey） 1944-
フルヴィッツ（Adolf Hurwitz） 1859-1919
ヘッケ（Erich Hecke） 1887-1947
ヘンゼル（Kurt Hensel） 1861-1941
ポアンカレ（Henri Poincaré） 1854-1912
メーザー（Barry Mazur） 1937-
モーデル（Louis Joel Mordell） 1888-1972
ラングランズ（Robert Phelan Langlands） 1936-
リベット（Kenneth Ribet）
レヴィ（Beppo Levi） 1875-1961
ワイルズ（Andrew Wiles） 1953-

文庫版あとがき

『フェルマーの大定理』を文庫に!? 一瞬,耳を疑った.というのは,この本は,文庫本という言葉から連想されるような,だれにでも歓迎される大衆的な内容の書物ではないからである.しかも私の「やさしく書き直しましょうか」という阿諛的申し出に対して,編集子は「いや,難しいままで良いんです」ときた.心底,驚きましたね.

数学の本を書くたびに編集者から「やさしくしてくださいよ」とクドクド念を押される.「ハイ,ハイ! よく判っています」と答え,そのつもりで書き始めるのだが,終わってみると,やっぱり大して売れそうにもないムズカシイ本になっているのが常識になっているわれわれの世界において,本物の迫力が一番読者に受けるのだ,と言われて感激しない数学者がいるだろうか?

『フェルマーの大定理—整数論の源流』(初版 1984 年) は私が数学というものの全貌を知りたくて始めた数学史関係の勉強の最初の成果である.(「足立恒雄のホームページ」http://www.adachi.sci.waseda.ac.jp 参照) フェルマーの大定理と呼ばれた問題が世間的に有名であるせいもあって,数学書の割にはかなり広く読まれたが,第 3 版まで出たの

は，問題誕生以来約360年を経て（1994年），ついに証明されたというめぐり合わせのおかげであった．

本書はフェルマーの大定理そのものを研究するというよりは，この定理を中心として整数論がどのように発展してきたかを追求したものである．もう少し詳しく言えば，どのような道具が発明されたことが契機となって大定理の研究が飛躍的に進んだか，逆に大定理の研究に使われた手法が他の数学にどのような影響を与えたか，を論じたものである．

一例を挙げれば，数学記号ですら数学の本質部分であるという認識に立ち，その発展史の記述に大いに配慮した．それがちょっと度を越して，デカルトの哲学などへの言及が多すぎることに対していくらか批判を頂いたこともあり，哲学書への言及を少し減らしたのが第2版（1994年）である．第3版（1996年）は，ワイルズによるフェルマーの大定理解決を受けて，楕円曲線を始めとする新しい道具立てを繰り込むことによって成り立っている．歴史的に見れば，初等数論，代数的数論，解析的数論，そして幾何学的数論が出揃って，大定理はついに解決されたということになるだろう．

編集者からはやさしくしなくて良いとは言われたが，読み返してみると，最初の方で，やはり古い文献にこだわりすぎるような気がしたので，少しだけ手直しをした．読んで欲しいところまで行かずに，最初に飽き飽きされたのでは，著者としてはやっぱりこまるという気持ちからである．

必ずしも細部まで理解し尽くすという読み方は勧めない．雰囲気に浸りながら何とか最後まで読んで，あるいは眺めるというよりは深いかもしれないが，付いて行っていただくと，フェルマー，オイラー，クンマーといった偉人によって築き上げられた数論という学問の不思議さ，深遠さが，「霧の中を歩いていると着衣がいつの間にか濡れているように」体得していただいているのではないかと期待する次第である．

2006 年 7 月 25 日　著者識

索引

あ
アイゼンシュタイン 170, 171, 219, 225
アポロニオス 56, 68, 69, 71, 109, 110
アルキメデス 56
アルチン 238, 241, 242
位数（楕円曲線の） 270
一般相互法則 238
イデアル 27, 165, 226, 235, 236, 242
イデアル論 233, 237-242
イデール 243
彌永昌吉 243
因子 191-195, 208
因子類 193, 208
因子類群 174, 194, 195
因子論 237, 238
ヴァンツェル 158
ヴァンディヴァー 216, 224, 231
ヴィエト 42, 47, 49, 58-62, 65, 67-69, 83, 89, 90, 109, 120, 125, 132
ヴィーフェリッヒ 228
ヴェイユ 64, 135, 136, 171, 187, 225, 280, 311, 313-317
ウェーバー 242
ウォリス 81, 82, 96, 104, 105, 107, 108
エウクレイデス 25, 40, 43, 49, 56, 83, 130
エック 44
エドワーズ 156, 170-172, 220, 234, 236
エミー・ネーター 238
エルグアルシュ 291
エンケ 171
円分整数 174, 175, 203, 217
円分体 175, 189, 215
オイラー 84, 97, 98, 107, 133-137, 140, 148, 276
オイラー・システム 321, 322
オイラーの規準 155
オストロフスキー 238, 241
オッグ予想 278, 291
オネットム 86
重さ 306

か
ガイ 149
階数 255
カヴァリエリ 68
ガウス 21, 22, 25-27, 54, 81,

133, 149, 151, 157, 168, 173, 187, 188, 205-207, 219
ガウス環 146, 147
ガウスの整数 49-52
カジョリ 124
カスプ形式 306, 308, 309
ガリレオ 118
カルカヴィ 70, 78, 79, 98, 109
カルダノ 58, 59
ガロア表現 290, 308, 309
幾何学的代数 43
既知数の記号化 →既知数の文字化
既知数の文字化 47, 60, 62
基本周期 270
既約元分解 146, 186
キュルシャク 238, 241
共役元 177
共役数 177
虚数乗法を持つ楕円曲線 287
近代整数論の独立宣言 49
クシランダー 58, 87
クーラント 240
クレプシュ 276
クロネッカー 159, 161, 162, 166, 187, 203, 204, 216, 219, 234, 237, 239
クロネッカーの青春の夢 287-289
クンマー 156, 158-162, 166-177, 180-189, 195, 202-205, 213-237
クンマーの合同式 217
クンマーの補題 196, 215, 224
『原論』 25, 40, 43, 44, 83, 130
コイレ 118
合同 22, 189
合同因子類群 242
合同数 262
合同部分群 298
五角数 77, 88
コーシー 149, 157, 158, 161, 165, 218, 220-222
ゴールドバッハ 140
コルベール 66
コンパクト・リーマン面 296

さ

サックス 28
三角錐数 95, 103
三角数 77, 78, 88, 95, 102, 103
『算術』 40, 41, 43-45, 47, 56, 68, 84, 87
ジェルマン →ソフィ・ジェルマン
四角数 77, 78, 88, 102
ジーゲル 227, 256
次元の一様性の要請 61, 62
志村五郎 311, 314-316

ジャック・ド・ビリ 262
シャール 220
主因子 192, 193
シュヴァレー 242, 243
自由変数 →パラメータ
種数 136, 248, 250, 276
種数の計算公式 250
シュタイニッツ 238, 241
シュターン 170
準一般的（解法, 方法） 42, 44, 128
初等数論の基本定理 25
ジラール 89
数学的帰納法 99, 126-128
『数論講究』(DA) 22, 25, 26, 187
図形数 103
スホーテン 75
スミス 218, 223
生成系 255
正則（数） 37
正則（素数） 213, 214, 216, 217, 227
接弦法 253, 267
セール 292, 303, 314, 315
セールの ε 予想 303
素因子 188-192, 236
素因子分解の一意性 192
素因数分解の一意性 25-27, 54, 55, 157, 164, 173
素因数分解の可能性 54
相互法則 241

相互律 168
双有理同値 249
双有理変換 248
素元分解の一意性 28, 146, 165, 171
素元分解の可能性 28
素数の定義 27
ソフィ・ジェルマン 150, 151
ソフィ・ジェルマンの定理 151, 153, 155, 230

た

第一因子 174, 212, 218, 223, 226
第一の場合（フェルマーの大定理の） 150, 151, 154, 156, 165
大定理 →フェルマーの大定理
第二因子 174, 212, 218, 232
第二の場合（フェルマーの大定理の） 150, 151
楕円曲線 248, 249
互いに素 19, 192
高木貞治 169, 237, 238, 242, 287, 289
多角数 101, 102, 132, 134
多角数論 95, 102
竹内端三 289
谷山豊 311, 313, 314
谷山予想 296, 310, 312
谷山予想（第1形） 301
谷山予想（第5形） 320

谷山予想（第3形） 306
谷山予想（第2形） 305
谷山予想（第4形） 309
タヌリ 109
単数 51, 136, 164
ディオファントス 17, 41, 43, 44, 49, 56-58, 68, 77, 83, 84, 87, 89, 90, 102, 132, 258-261
定義体 287
ディクソン 81, 97, 99, 101, 102, 106, 107, 131, 149
ディグビイ 104, 108, 109
ディリクレ 133, 150, 158, 166-170, 172, 173, 187, 195, 196, 206, 208, 210, 212, 219, 222, 231, 234, 235
デカルト 49, 62-65, 70, 71, 74, 75, 86, 109, 114-124, 130
デザルグ 74
デデキント 222, 234-238, 241
テーラー 322, 323
テラニアン 230
ドイリング 291
等分点 286
特異点 250
トージョン点 286
トージョン部分群 255

な

中村幸四郎 47, 48, 57, 110
2重周期（関数） 270
ニュートン 124, 130
ネーター →エミー・ネーター
ネロン 291
ノイゲバウアー 28, 34
ノルム 177

は

ハイヤーム 48, 61, 84
バーグマン 148
バシェ 17, 41, 58, 68, 77, 87-90, 102, 253
バシェの方法 253
パスカル（エチエンヌ） 70, 74
パスカル（ブレーズ） 63-65, 70, 71, 76, 79-81, 85, 86, 99, 103, 109, 126-131
ハッセ 237-243, 289
ハッセ原理 240
バーチ=スウィンナトンダイア予想 307
パッポス 56, 68, 69, 85, 110
ハーディ 96
パラメータ 42, 47, 60, 62, 97
半安定 295, 319, 323
ピサのレオナルド →フィボナッチ
ヒース 56, 107

非正則（素数） 214-218, 223, 226, 227
ピュタゴラス数 19-21, 28, 38, 39, 41, 55
ピュタゴラス方程式 18, 49
非特異曲線 250, 251
ヒルベルト 200, 225, 237, 245
ファルチングス 256
ファルチングスの定理 256
フィボナッチ 263
フィボナッチ=フェルマーの定理 263
フエター 253
フェラリ 59
フェルマー（サミュエル・ド） 17, 86, 87, 109
フェルマー（ピエール・ド） 17, 49, 64-89, 98-109, 113-115, 118, 130-136
フェルマー素数 132
フェルマーの小定理 153
フェルマーの大定理 17-19, 25, 54, 66, 124, 125, 132-136, 139, 148, 150, 151, 154, 156-160, 165, 168-174, 196, 202, 210, 211, 220, 224, 226, 228, 231-233, 245, 296
フェルマーの方法 268
フェルマー方程式 18, 151
フューベ 66

フライ 283, 285, 286, 296, 309
フライ曲線 282, 283, 294
プライス 36
プラトン 40
ブランカー 96, 104, 105, 107, 108
フルヴィッツ 278
フルトヴェングラー 232, 238
ブルラール 74
フレニクル 74, 97, 105, 108, 109
フロイデンタール 42, 126
ヘッケ 239
ベルトラン 220
ベルヌーイ数 174, 213, 214, 217
ペル方程式 81, 83, 107
ヘンゼル 168, 169, 174, 225, 238-242
ヘーンツェル 278
ポアンカレ 245, 277
ボイヤー 36
ボーグラン 67
保型形式 306
ホルツマン →クシランダー
ボンベルリ 57

ま

マホーニー 64, 67
ミリマノフ 228
無限降下法 99, 199, 202

メーザー 284, 285, 292
メーザーの定理 284, 309
メルセンヌ 67, 70, 71, 109, 118
メルセンヌ数 70
モデュラー 319, 320, 323
モデュラー曲線 300
モデル 253, 279
モデルの有限基底定理 248, 253, 280
モデル=ファルチングスの定理 256
モデル予想 256, 317
森嶋太郎 229

や
ヤコービ 157, 168, 171-173, 187, 203, 219, 275
有限基底定理 248
有理曲線 248
有理楕円曲線 249
有理点 245
ユークリッド →エウクレイデス

ら
ライプニッツ 130
ラグランジュ 108, 137, 149, 157, 181
ラグランジュの定理 78, 149
ラマヌジャン 96, 97
ラメ 150, 156-165, 199, 220, 231
「欄外書込み」 17, 131
「欄外書込み集」 68, 87, 89, 131
ランク →階数
ラング 313, 314
理想数 159, 169, 174, 186-189, 195, 200, 205, 208, 209, 235, 236
リベット 292, 293
リーベンボイム 228
リーマン 219
リューヴィル 157, 158, 160-162, 204, 217, 220, 222
類数 174, 194, 208-215, 223, 231
類体論 238, 239, 241-243
ルジャンドル 150, 156, 206
ルベーグ 150
レヴィ 278, 282
レギオモンタヌス 57
レベル 306
ロベルヴァル 65, 67-69, 71, 72, 74, 109

わ
ワイヤストラス 219, 238, 239, 271
ワイヤストラスの℘関数 271
ワイルズ 244, 318-324

DA →『数論講究』
ε 予想　303
FLT →フェルマーの大定理
m 角錐数　102
m 角数　78, 102
$\wp$ 関数　271

p 進解析　225, 237, 240
p 進数　174, 225, 226, 237, 240, 241
Plimpton　28, 30, 38, 40
q 展開　301

本書は、一九九六年五月三十日、日本評論社より刊行された「第三版 フェルマーの大定理」をもとに加筆訂正を加えたものである。

フェルマーの大定理　整数論の源流

二〇〇六年九月十日　第一刷発行

著　者　足立恒雄（あだち・のりお）
発行者　菊池明郎
発行所　株式会社　筑摩書房
　　　　東京都台東区蔵前二-五-三　〒一一一-八七五五
　　　　振替〇〇一六〇-八-一四一二三
装幀者　安野光雅
印刷所　大日本法令印刷株式会社
製本所　株式会社鈴木製本所

乱丁・落丁本の場合は、左記宛に御送付下さい。
送料小社負担でお取り替えいたします。
ご注文・お問い合わせも左記へお願いします。
筑摩書房サービスセンター
埼玉県さいたま市北区櫛引町二-一六〇四　〒三三一-八五〇七
電話番号　〇四八-六五一-〇五三三

© NORIO ADACHI 2006 Printed in Japan
ISBN4-480-09012-6　C0141